南涧县茶叶气象服务适用技术手册

主　编：黄春娟
副主编：易小蓉　赵尹强

内容简介

地处澜沧江畔的南涧县境内，无量山和哀牢山层峦叠嶂，气候温暖湿润，具有茶树生长的优越条件。茶业在南涧县国民经济中占据着重要地位，茶叶产量的多少及品质的高低与茶农收入息息相关，然而茶叶生长受气候变化影响较大。为了更好地完成中央财政“三农”服务专项，将气象与农业生产紧密结合，本书围绕南涧县茶叶生长特性和农业气象资源，利用相关因子指标，研究了南涧县茶叶生长适应性、茶叶气象灾害及防御，同时结合气象工作，开展茶叶农业气象专业服务，初步形成一套适用于南涧县的茶叶气象服务体系，为广大南涧县茶农生产和气象工作者工作提供了一部比较完善的“工具书”！

图书在版编目(CIP)数据

南涧县茶叶气象服务适用技术手册 / 黄春娟主编
. — 北京 ：气象出版社，2020.1
ISBN 978-7-5029-7166-3

Ⅰ.①南… Ⅱ.①黄… Ⅲ.①农业气象-气象服务-关系-茶树-栽培技术-技术手册 Ⅳ.①S165-62
②S571.1-62

中国版本图书馆 CIP 数据核字(2020)第 017350 号

出版发行:气象出版社
地　　址:北京市海淀区中关村南大街 46 号　　**邮政编码**:100081
电　　话:010-68407112(总编室)　010-68408042(发行部)
网　　址:http://www.qxcbs.com　　**E-mail**:　qxcbs@cma.gov.cn
责任编辑:张　媛　　**终　　审**:吴晓鹏
责任校对:王丽梅　　**责任技编**:赵相宁
封面设计:博雅锦
印　　刷:北京建宏印刷有限公司
开　　本:710 mm×1000 mm　1/16　　**印　　张**:6
字　　数:114 千字
版　　次:2020 年 1 月第 1 版　　**印　　次**:2020 年 1 月第 1 次印刷
定　　价:40.00 元

编委会

主　编：黄春娟

副主编：易小蓉　赵尹强

编　写：（按姓氏笔画排列）

万　花　左际芬　李　豪　张　旭　张健东

沈营珠　赵　爽　赵建鸿　鲁国银

序

南生嘉木，涧育香茗。地处澜沧江畔的南涧县境内，无量山和哀牢山层峦叠嶂，气候温暖湿润，具有茶树生长的优越条件。南涧县茶叶生产历史悠久，是云南最早种茶和饮茶的地区之一，据唐朝《蛮书·云南志·管内物产》中记载："茶出银生城界诸山，散收，无采造法。蒙舍蛮以椒、姜、桂和烹而饮之"。

20世纪80年代以前，南涧县仅能生产手工晒青绿茶，经过多年实践与探索，目前已形成了以普洱茶和绿茶产品为主，红茶、乌龙茶、白茶为辅的五大系列产品综合发展格局。2009年，南涧被列入全国118个、全省13个茶叶重点基地县；2016年，南涧荣获"中国十大生态产茶县"称号；2018年，南涧县委、县人民政府立足南涧实际，正式出台《关于加快茶叶产业发展的意见》，坚持质量兴茶，绿色兴茶，初步建成在国内外有一定知名度的南涧无量山高山生态茶产业，为全县产业脱贫提供支撑，为乡村振兴提供良好基础。

都说"高山云雾出好茶"，南涧县茶区主要分布在海拔1700～2300 m的亚热带山区和半山区内，这里全年温和湿润，土壤质地疏松，茶树生长周期长，茶叶内含物质丰富，形成了纯正回甘、清香持久的品质特点，茶叶产品深受国内外消费者的认可和喜爱。

在县气象局和县茶叶站专家的共同努力下，本书对南涧气候资源开展分析，围绕南涧茶树生长特性，找准相关因子，初步形成一套集茶叶种植、灾害防御的服务指标体系，对指导生产、服务"三农"、助推南涧"一县一业"茶产业发展具有现实指导意义。

南涧县人民政府副县长：何太蔚

前　言

截至2019年，南涧县茶园面积共有11万亩[①]，2018年南涧毛茶总产量600万kg，比2017年552.1万kg增加47.9万kg，增长8.68%。2018年实现茶叶总产值9.45亿元，比2017年7亿元增加2.45亿元，增长35%。可见茶业在南涧国民经济中占据着重要地位，茶叶产量的多少及品质的高低与茶农收入息息相关，且茶树的生长受气候变化的影响较大。为了更好地完成中央财政“三农”服务专项，将气象与农业生产紧密结合，本书围绕南涧县茶树生长特性和农业气象资源，利用相关因子指标，研究了南涧县茶树生长适应性，茶叶气象灾害及防御，同时结合气象工作，开展茶叶农业气象专题服务，初步形成一套适用于南涧的茶叶气象服务体系，为广大南涧茶农生产和气象工作者工作提供了一部比较完善的“工具书”！

本书立足于南涧县的茶叶气象服务工作，主要包括三大部分，即南涧县的气候条件，南涧县的茶树气象及南涧县的茶叶生产管理技术。全书共7章，其中第1章为南涧县的农业气象资料概况；第2章至第6章为南涧的茶树物候，南涧县的茶树区划，茶树气象灾害监测指标和防御技术，南涧县的茶树气象服务等；第7章为南涧县的茶叶生产管理技术。

在开展南涧县的茶叶物候观测过程中得到云南省农业科学院茶叶研究所田易萍高级实验师的帮助，在收集资料和编写本书过程中得到南涧县茶叶工作站赵尹强高级农艺师的大力支持，同时南涧县人民政府何太彪副县长在百忙之中对本书编撰进行指导并撰写了序，在此谨一并致以衷心感谢！

编写本书过程中，囿于编者的水平，书中错误和不当之处在所难免，敬请读者不吝批评指教！

编者

2019年11月

---

① 1亩=1/15 hm^2，下同。

目　录

第 1 章　南涧县农业气候资源概况

1.1　气候类型

南涧县位于云南省西部、大理白族自治州南端，地处东经 100°06′～100°41′，北纬 24°39′～25°10′。东与弥渡县接壤，南与景东县毗邻，西南与云县以澜沧江为界，西至黑惠江与凤庆县隔水相望，北与巍山县相连。县域东西横距 59 km，南北纵距 55 km，总面积 1731.63 km^2，其中 99.3％的国土面积属山区。地势西北高东南低、海拔悬殊大，最高点为县境北部边缘的太极顶山主峰太极顶（海拔高度达 3061 m），最低点为南部边缘澜沧江岸（海拔高度 916 m），海拔高度差达 2145 m。以无量山脉为界，以西属澜沧江流域，以东属红河流域。

南涧县地处云南省横断山脉纵谷区和我国西部热带海陆季风区域，气候随海陆季风的进退有明显的季节性变化，从而形成干湿季节分明，四季气候不明显，雨热同季的低纬山地季风气候。县境内哀牢山由西北引伸东南，无量山及其旁系支脉由西向东纵贯，在哀牢山、无量山特殊地貌环境对西南暖湿气流北上和北方冷空气南下的气候屏障作用下，将本县分为西部多雨区和东部少雨区，以及东南、西南和中北部三个湿热状况差异较大的区域性气候。山谷纵横的地形和海拔高差的悬殊，对水、热状况的再分配起着重要作用。受地形和高大山脉走向影响垂直气候明显，光、热、水等气象要素在垂直方向和水平方向上产生再分配，呈现出“一山分四季，隔里不同天”的立体气候和气候多样性。

1.2　气候特点及成因

1.2.1　气候特点

在太阳辐射、大气环流以及特定的地理、地形、地貌环境综合影响下，气候具有以下特点（王水平 等，2016）：

（1）气候温暖，夏无酷暑，冬无严寒，年温差小，日温差大，四季不明显

县境最南端纬度为 24°39′N，最北端纬度为 25°10′N，太阳辐射高度角较大且变化幅度小。加之地处云南滇西高原，平均海拔高度相对较高。特殊的地理条件，形成大部分地区夏无酷暑，冬无严寒，年温差小，日温差大，四季不明显，气候较温暖的低

纬高原气候特点。年平均气温为19.3℃，最热月与最冷月平均气温差11.8℃。最热月平均气温为24.4℃。最热月平均气温和极端最高气温都比我国东部同纬度地区低，最冷月平均气温为12.6℃，无候平均气温≤0℃的严寒期，最冷月平均气温和极端最低气温要比我国东部同纬度地区高，大部分地区冬夏短，春秋长，被称之为“四季如春”。

以候平均气温在10～22℃记为春秋季，全县各地春季长达100～135 d，秋季长达120～160 d，比我国东部同纬度地区秋季降温早，气温也低得多。另外，秋季降温速度缓慢，秋季时间较长，因此非常适宜多种作物生长发育。

(2)降水分布不均，雨热同季，干凉同季，夏秋多雨，冬春多旱，干湿季分明

由于受季风影响，冬半年和夏半年控制南涧县的气团性质截然不同，形成雨热同季，干凉同季，夏秋多雨，冬春多旱，干湿季分明的季风气候。

夏半年(5—10月)主要受热带海洋性气团控制，在其西南和东南暖湿气流影响下，气温相对较高，降雨量较多且较为集中，一般称为雨季(或湿季)。雨季降雨量占全年的83%，降雨日数约占全年的71%，其中6—9月雨量最多，一般占全年的52%。

冬半年(11月至次年4月)主要受热带大陆性气团控制，在南支西风气流影响下，空气性质干暖，天气晴朗，云量少，日照多，降水少，湿度小，风速大，具有明显的干季特征。降雨量仅占全年的17%，雨日占全年的29%。南涧县年平均降雨量为760.5 mm。

(3)春早春暖，秋早秋凉；日照充足，量多质好，光能资源丰富

全县各地春季最早的于2月初开始，最晚的不过3月底，大部分地区于2月中下旬开始。秋季大部分地区于6月下旬至7月上旬开始。

南涧县地处低纬高原，大气透明度好，空气清新污染小，日照较为充足，可谓量多质好，光能资源丰富。全县年平均日照时数为2429.2 h，为大理州较多的地区。

(4)气候水平分布复杂，垂直分带明显，随地形地貌类型多样，立体差异突出

由于县内地形地貌复杂，地势海拔悬殊大，气候水平分布复杂，垂直差异显著，具有多样性和立体性特点。从低热河谷到高寒山区，随海拔高度可分为“三层五带”，即低热层、中暖层、高寒层，呈现南、中、北亚热带，暖温带和中温带五个垂直气候带，以及半干旱、半湿润、湿润三种气候类型。就地形气候而言，具有河谷热、坝区暖、山区凉、高山寒之别。“一山分四季，十里不同天”恰是南涧县立体气候和气候多样性的真实写照。气温和降雨量的垂直分布差异很大，一般情况下气温随海拔高度增高而降低，年平均气温垂直递减率为0.63℃/100 m；雨量随海拔高度增高而增多，年平均降雨量递增率约为70 mm/100 m，具有山区比坝区多，河谷比坝区少的分布特征。

(5)气象灾害种类多，分布广，危害重，连锁群发，出现频繁

由于季风环流的不稳定性和不同天气系统的反复多重影响，加上复杂的地形、地貌等因素，县内气象灾害较为频发，并具有种类多、范围广、频率高、持续时间长、群发性突出、连锁反应的特点。气象灾害几乎年年有，群众常说“无灾不成年”，只是成灾面不等，常常交错出现，多呈插花性、局部性。常见的气象灾害有干旱、低温、洪涝、霜

冻、冰雹、大风和雷暴等。北部多干旱，南部多低温冷害，局部地区多洪涝、冰雹、大风和雷暴；一般山区多干旱和大风，局部地区还会发生暴雨和大暴雨，并经常引发山洪、泥石流、滑坡和崩塌等次生灾害。长时期高温干旱或阴雨寡照，常常会导致农作物病虫害滋生暴发，这些气象灾害约占各种自然灾害的 75%～80%。

1.2.2　气候成因

一个地方气候的形成，主要取决于太阳辐射、大气环流、地理环境状况（包括地理位置、地势高低、地形地貌及下垫面状况）等因素。局部地区的气候变化，还与某些人类活动（如大规模砍伐森林、毁林开荒、破坏植被，不适宜的围海围湖造田，大面积生态破坏，较大范围过量的资源开发和大气污染等）有关。

南涧县较接近北回归线，太阳辐射角较大而且随季节变化小，大部分地区海拔相对较高，地面接收的辐射量较多，地面吸收的热量多，导致气温年较差小。

由于大气环流随着季节的转换有着明显的变化，冬、夏半年盛行的气流、环流形势等影响不同，其天气气候随之变化。

(1)冬半年（11 月至次年 4 月）的环流形势及主要天气系统

冬半年南涧县主要受青藏高原南部的南支西风气流所控制。气流干暖，造成南涧县冬半年晴天多、降水少、气温偏暖、昼夜温差大、湿度小、风速大等干季气候特征。这也是南涧县冬、春干旱严重的主要原因。

当源于极地、西伯利亚冷空气势力较强的时候，随北支西风气流南下并翻越青藏高原东部成偏西路径进入南涧县，或从新疆经秦岭过四川盆地沿滇东北向西推进成偏东路径入侵，都会形成冷锋寒潮天气。在这种冷锋强寒潮天气的影响下，常常会造成南涧县各地不同程度的雨雪、低温霜冻和“倒春寒”等冬春季节的灾害性天气。

冬春季节当南支槽前部西南气流经孟加拉湾从海面输送来一定的暖湿空气时，便成为南涧县干季降水重要的水汽来源。因此，冬春季南支槽影响的次数和强度，决定着南涧县冬春干旱的程度。

(2)夏半年（5—10 月）的环流形势及主要天气系统

夏半年由于西风带北移，南涧县主要受来自孟加拉湾热带低压东南部的西南暖湿气流和太平洋副热带高压西南缘东南暖湿气流所控制。空气湿度大，水汽充沛，降水量丰富、雨量相对集中，云量增多，日照减少，湿度大，气温日较差较小等湿季气候特征。5—6 月是南涧县干湿季转换的过渡时期，此期如果孟加拉湾低压和南支低压槽活跃，西南季风暴发北进早，则南涧县雨季开始期早，其降雨量多；反之，雨季开始期迟，降雨量少，初夏干旱明显。而 10—11 月如果西南季风南退消失，南支西风建立早，则雨季结束早，秋旱明显；反之，雨季结束迟，有时还会发生秋涝。

夏秋季影响南涧县的主要降水天气系统有冷锋、南支槽、低涡、切变线、东风波、低压环流和两高压之间的辐合区。当有较强的冷空气与之配合时，常常会形成中、大雨和暴雨天气。若天气系统和冷空气较强且维持时间较长还会产生持续降水和大幅

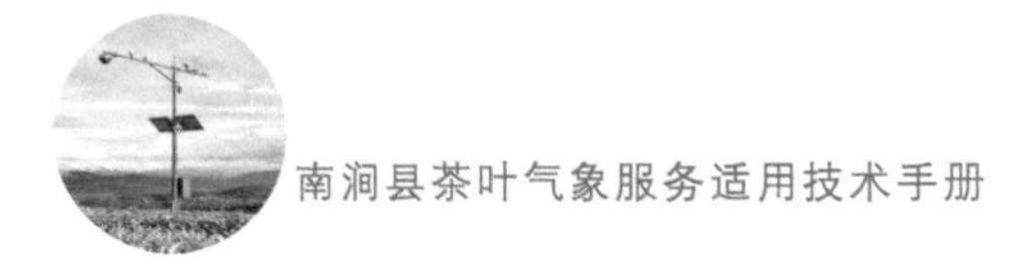

降温的低温阴雨天气，在秋季容易出现影响大春作物水稻、烤烟等的低温冷害。

1.3 光热水气候资源

1.3.1 光能资源

日照时数是表征一地太阳光照时间长短的特征量，它表示某地太阳能可被利用时间的多少。分为可能日照时数和实际日照时数。光能的时空分布取决于地理位置、地形环境、大气透明度、云量及局部地形遮蔽程度等因素。

南涧县全年日照分布见图 1.1，1981—2010 年平均日照时数为 2429.2 h（表 1.1）。最多年日照时数为 2663.2 h，最少年日照时数为 2196.4 h。年内日照冬半年多，夏半年少（表 1.1，表 1.2），年平均日照百分率为 55%（表 1.2）。

表 1.1 南涧县 1981—2010 年各月及年平均日照时数 单位：h

台站＼月份	1月	2月	3月	4月	5月	6月	7月	8月	9月	10月	11月	12月	年
南涧	242.4	221.5	250.2	244.0	230.5	164.7	134.4	162.6	157.8	180.4	209.9	230.6	2429.2

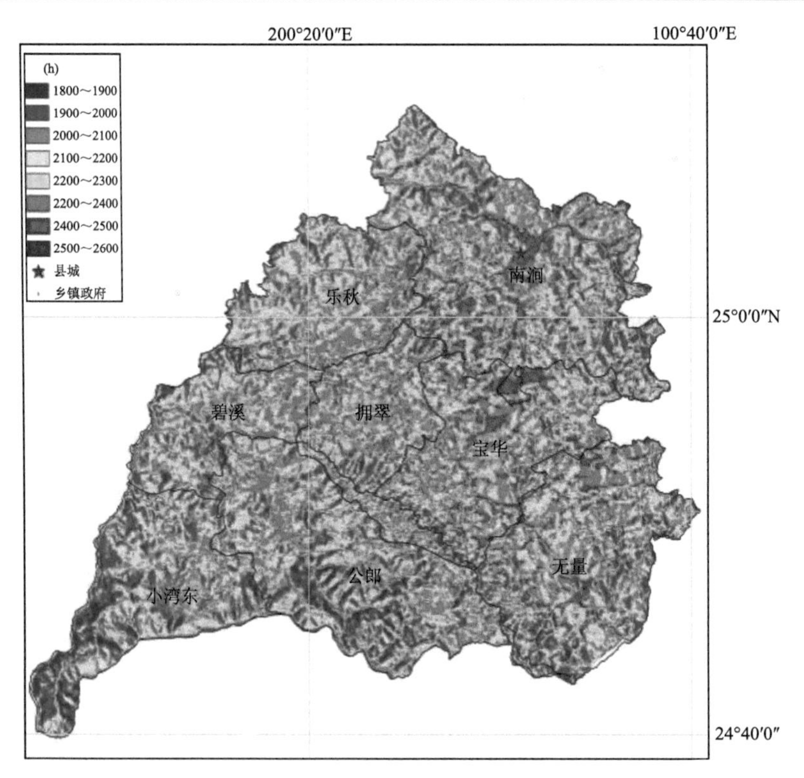

图 1.1 南涧县全年日照分布图

表 1.2　南涧县 1981—2010 年各月及年平均日照百分率　　　单位:%

月份 台站	1月	2月	3月	4月	5月	6月	7月	8月	9月	10月	11月	12月	年
南涧	73	70	68	64	56	40	32	40	43	50	64	71	55

1.3.2　热量资源

热量主要是指太阳辐射热量，一般热量多、温度高，热量少、温度低。但由于太阳辐射热量的观测资料比较少，一般用温度的数值来表示热量状况。温度的高低及其变化特点是衡量一个地区热量资源的主要指标。

南涧县地形复杂，气候类型多样，气温的地域差异显著，呈现西高东低的分布。有河谷地区炎热，坝区温暖，山区寒冷的特点。

气温年际变化较大，年平均气温最大振幅超过 2℃。气温年内季节变化较为平缓，气温年较差小，为 11.8℃，为全州最小。气温日变化大，气温平均日较差在 11.0℃以上。

1. 年平均气温

南涧县年平均气温 19.3℃，为全州最高。南涧县年平均气温分布见图 1.2，各月及年平均气温见表 1.3。

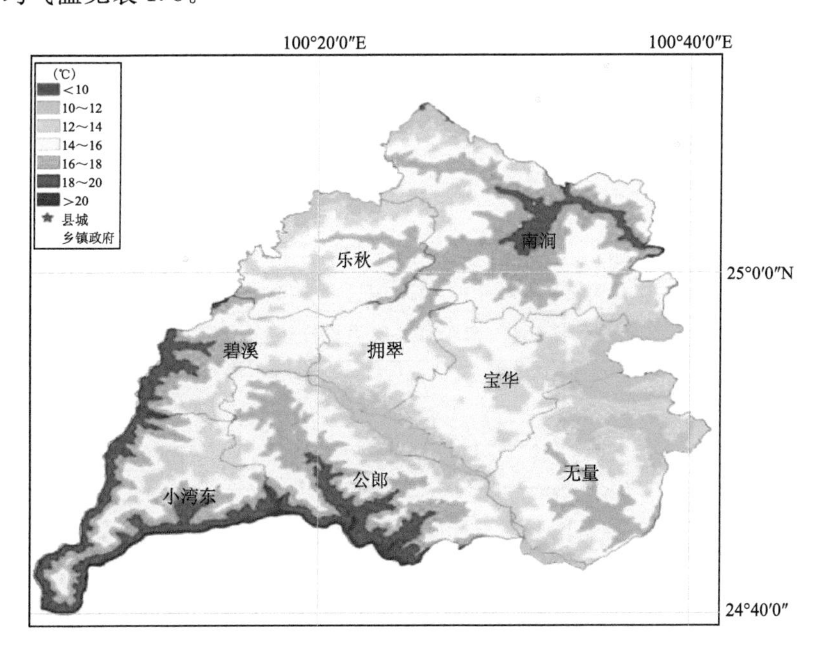

图 1.2　南涧县年平均气温分布图

表 1.3　南涧县各月平均气温　　单位:℃

月份 台站	1月	2月	3月	4月	5月	6月	7月	8月	9月	10月	11月	12月	年
南涧	12.6	14.7	18.0	20.9	23.2	24.4	23.9	23.6	22.2	19.9	15.6	12.6	19.3

2. 气温年变化

南涧县气温年内变化的特点是:春季升温迅速,夏季温暖而不炎热,秋季降温剧烈,冬季温和而无严寒。南涧县各地一年中的气温变化,最热月一般出现在 6 月,月平均气温 24.4℃;最冷月出现在 1 月,月平均气温 12.6℃。其中春季(3—5 月)各月平均气温分别为 18.0℃、20.9℃、23.2℃,夏季(6—8 月)各月平均气温分别为 24.4℃、23.9℃、23.6℃,秋季(9—11 月)各月平均气温分别为 22.2℃、19.9℃、15.6℃,冬季(12 月至次年 2 月)各月平均气温分别为 12.6℃、12.6℃、14.7℃(图 1.3)。

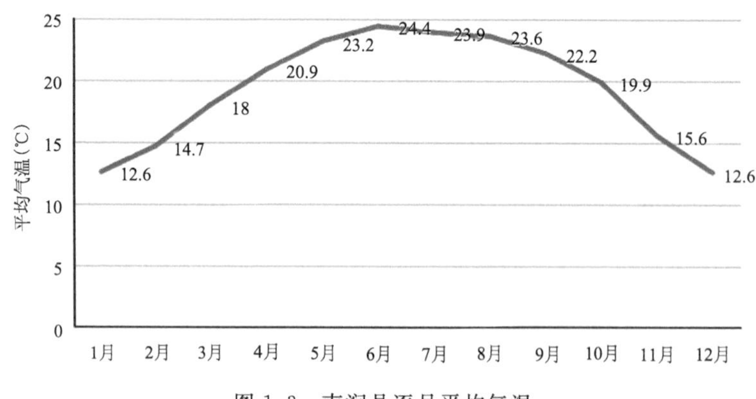

图 1.3　南涧县逐月平均气温

气温年较差,即最热月平均气温与最冷月平均气温的差值,主要反映气温在年内的变化幅度。南涧县气温年较差为 11.8℃(表 1.4),为大理州最小。

表 1.4　南涧县气温平均日较差　　单位:℃

月份 台站	1月	2月	3月	4月	5月	6月	7月	8月	9月	10月	11月	12月	年均	年较差
南涧	14.5	14.6	14.6	13.3	11.2	9.1	8.4	9.5	10.0	10.7	12.6	14.0	11.9	11.8

3. 气温日变化

南涧县各地一般情况下,最低气温出现在清晨日出前,最高气温出现在午后。具体而言,气温的日变化还随季节的不同有所差异。以 1 月代表冬季,气温最低值出现在 07—08 时,最高值出现在 16—17 时;4 月代表春季,最低值出现在 06—07 时,最高值出现在 14—15 时;7 月代表夏季,最低值出现在 06—07 时,最高值出现在 15—

16时;10月代表秋季,最低值出现在07—08时,最高值出现在16—17时。气温的日变幅或日较差(日最高气温减日最低气温)冬季大,夏季小(表1.4)。

4.气温的垂直变化

一般情况气温是随着海拔高度的增高而递减的。利用大理州内不同海拔高度所有气象站点(哨点)气温观测资料,采用气候学方法经订正延长后与所对应的海拔高度建立相关关系式,并求得各月及年的气温递减率(斜率)于表1.5。全州年平均气温递减率为0.63℃/100 m,随着季节的变化各月平均气温递减率具有一定的差异,其中气温递减率冬季(12月、1月)最小为0.56℃/100 m;春季(5月)最大为0.75℃/100 m。

表1.5 南涧县各月及年平均气温递减率

月份 项目	1月	2月	3月	4月	5月	6月	7月	8月	9月	10月	11月	12月	年
递减率(%)	0.56	0.61	0.67	0.71	0.75	0.66	0.62	0.60	0.62	0.64	0.60	0.56	0.63
相关系数	0.90	0.93	0.93	0.95	0.97	0.97	0.96	0.98	0.97	0.97	0.92	0.92	0.97

5.极端气温

(1)平均最高(低)气温

南涧县年平均最高气温为27.0℃,年平均最低气温为15.3℃(表1.6,表1.7)。

表1.6 南涧县历年各月及年平均最高气温 单位:℃

月份 台站	1月	2月	3月	4月	5月	6月	7月	8月	9月	10月	11月	12月	年
南涧	23.3	26.7	28.6	30.9	31.6	31.6	30.2	30.6	30.2	28.6	24.7	21.7	27.0

表1.7 南涧县历年各月及年平均最低气温 单位:℃

月份 台站	1月	2月	3月	4月	5月	6月	7月	8月	9月	10月	11月	12月	年
南涧	7.4	10.0	13.8	17.7	20.2	22.2	22.0	21.2	20.2	17.5	12.5	8.6	15.3

(2)极端最高(低)气温

南涧县极端最高气温达36.1℃(表1.8)。极端最低气温为-1.2℃(表1.9)。

表1.8 南涧县极端最高气温及出现日期 单位:℃

月份 台站	1月	2月	3月	4月	5月	6月	7月	8月	9月	10月	11月	12月	年
南涧	26.5	29.7	32.3	34.6	36.1	35.9	34.9	34.7	35.4	32.2	28.7	25.7	36.1
	31/ 2005	26/ 1999	21/ 2010	26/ 1999	29/ 2005	3d	1/ 2007	17/ 2012	2d	1/ 2015	1/ 1996	1/ 2002	29/5/ 2005

表 1.9　南涧县极端最低气温及出现日期　　单位:℃

月份 台站	1月	2月	3月	4月	5月	6月	7月	8月	9月	10月	11月	12月	年
南涧	0.0	1.6	0.6	3.6	10.9	13.3	15.4	14.8	11.3	7.8	2.9	−1.2	−1.2
	1/1974	9/1977	3/1986	13/1970	14/2006	12/1979	10/1997	2d	30/1998	29/1978	25/1971	18/2013	18/12/2013

6.农业界限温度

具有普遍意义的、标志某些重要物候现象或农事活动之开始、终止或转折点的温度,叫做农业气象界限温度,简称界限温度。

农业气象界限温度反映了农事季节的长短及作物生长发育对热量条件的要求,不同作物,不同发育期要求的界限温度也不同。了解一个地方界限温度可以分析与对比年代间或地区间稳定通过某界限温度日期之早晚,以比较其冷暖之早晚对作物之影响;分析与对比年代间或地区间稳定通过相邻两界限温度的间隔日数,以比较升温或降温之快慢缓急,分析其对作物的“利”与“弊”等;分析与对比年代间与地区间春季到秋季稳定通过某界限温度日期之间的持续日数,可以作为鉴定生长季长短的标准之一,可与无霜冻期指标结合使用、互相补充。总之农业界限温度要与农事活动、作物生长相结合,要灵活运用、科学分析。

作物生长发育需要一定的温度(热量)条件,在作物生长发育所需要的其他条件均得到满足时,在一定的温度范围内,气温和发育速度呈正相关,并且要累积到一定的温度总和才能完成其发育期,这个温度的积累数称为积温。

每种作物都有一个生长发育的下限温度(或称生物学起点温度),这个下限温度一般用日平均气温表示。把高于生物学下限温度的日平均气温值叫做活动温度,而把作物某个生育期或全部生育期内活动温度的总和,称为该作物某一生育期或全生育期的活动积温。

根据南涧县的农耕区和主要作物的种类,我们选用0℃、5℃、10℃、12℃、15℃、17℃、18℃为农业界线温度,其农业意义如下:

0℃——冬小麦秋季停止生长与春季开始生长,作物安全越冬的下限温度。0℃以上的持续日数可用来评定地区农事季节的长短。0℃以上的积温可反映一个地区农事季节的总热量。南涧县≥0℃积温的分布情况如图1.4所示。

5℃——喜凉作物和牧草积极生长的下限温度。气温稳定通过5℃,标志早春作物可播种,多数树木开始生长。

10℃——喜温作物开始播种与生长。喜凉作物(小春)和多年木本植物活跃生长的指标温度。≥10℃的持续时间称为喜温作物生长期或作物活跃生长期。春季温度回升到10℃以上,也标志着重霜期已过,春耕大忙开始;≥10℃水稻烤烟方可进行保温育苗。南涧县≥10℃积温的分布情况见图1.5。

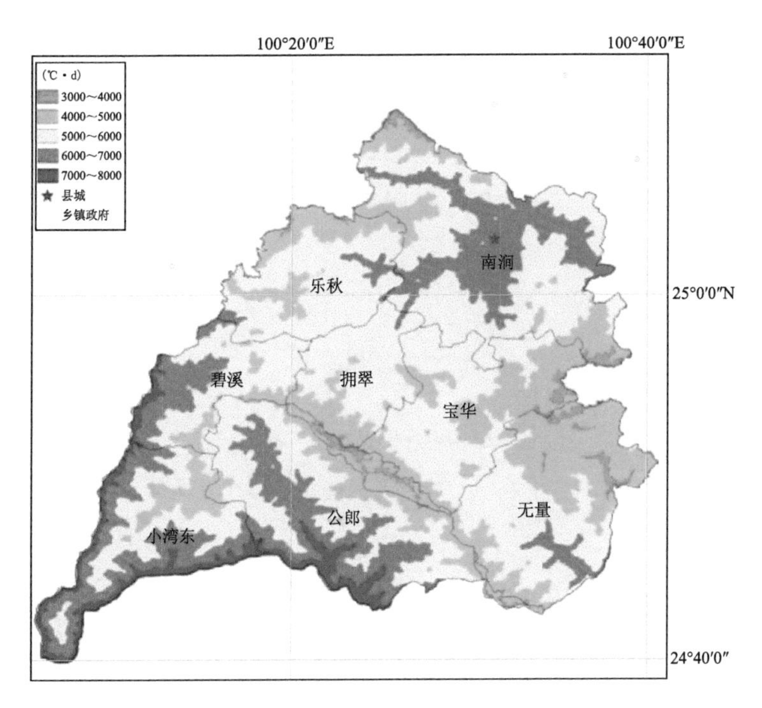

图 1.4　南涧县≥0℃活动积温

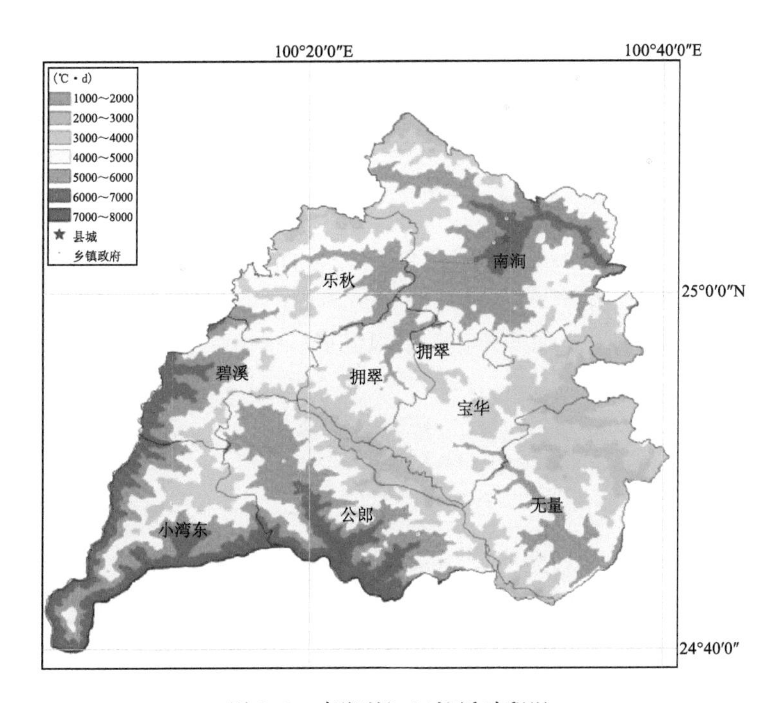

图 1.5　南涧县≥10℃活动积温

12℃——大春作物适宜播种的下限温度，又是小春作物的适宜下限温度，大于12℃的持续时期与无霜冻基本一致。

15℃——喜温作物积极生长的温度，春季日平均气温升到15℃以上，是水稻、烤烟适宜移栽的下限温度。秋季日平均气温低于15℃，影响大春作物正常灌浆成熟。南涧县≥15℃积温的分布情况如图1.6所示。

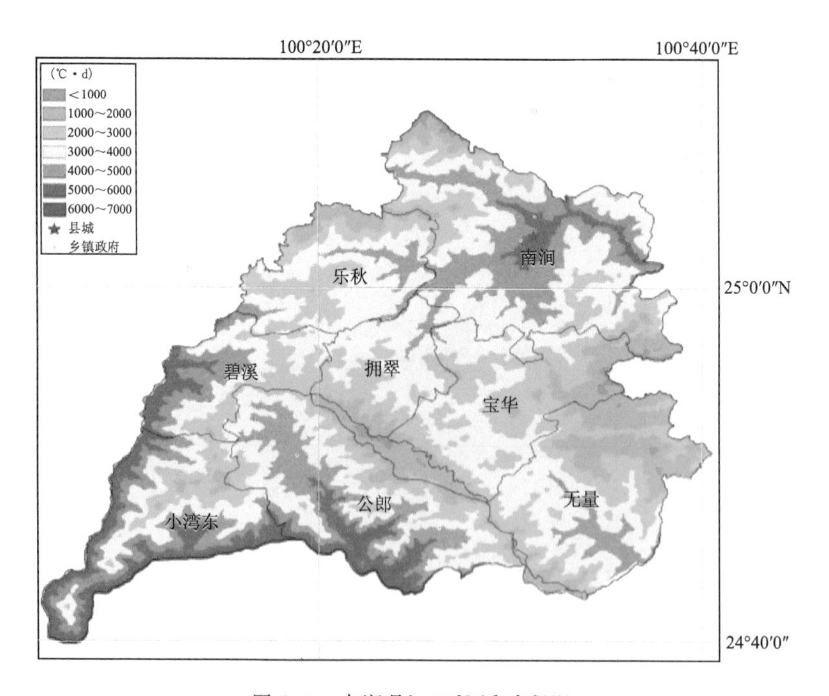

图1.6　南涧县≥15℃活动积温

17℃——本县粳稻安全抽穗开花和包谷安全抽雄授粉，烤烟叶片成熟的下限温度。低于17℃影响粮烟生产。

18℃——本县籼稻安全抽穗开花的下限温度。

1.3.3　水分资源

南涧县降水量的分布，除主要受大气环流即季风的影响外，还受地理位置及地形地势的影响。

1. 平均降雨量

南涧县年平均降雨量为760.5 mm。降雨量地域分布无量山及以西地区偏多，而东北部地区则为偏少。（南涧县年降雨量分布见图1.7，各月平均降雨量见表1.10）

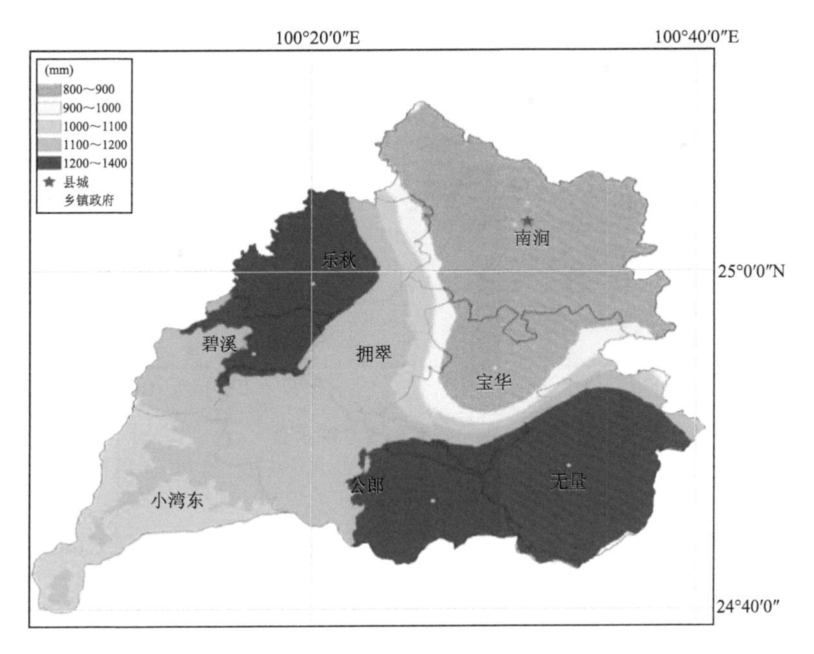

图1.7 南涧县年降水量分布图

表1.10 南涧县月平均降雨量 单位:mm

月份 台站	1月	2月	3月	4月	5月	6月	7月	8月	9月	10月	11月	12月	年
南涧	15.8	20.4	20.5	26.5	65.0	104.3	137.7	140.1	106.8	77.7	34.2	11.5	760.5

2.降雨量年变化与各季节降雨量

南涧县各地降雨量主要集中在5—10月(俗称雨季),雨季降雨量一般占全年降雨量的83%。而11月至次年4月称为干季,干季降雨量只占全年降雨量的17%。南涧县各地各个季节降雨量,一般春季(3—5月)占全年降雨量的15%,夏季(6—8月)占50%,秋季(9—11月)占29%,冬季(12月至次年2月)占6%(表1.11),逐月降水量见图1.8。

表1.11 南涧县历年各季节平均降雨量

项目 站点	春季(3—5月)		夏季(6—8月)		秋季(9—11月)		冬季(12月至次年2月)		干季(11月至次年4月)		雨季(5—10月)	
	雨量(mm)	占比(%)	雨量(mm)	占比(%)	雨量(mm)	占比(%)	雨量(mm)	占比(%)	雨量(mm)	占比(%)	雨量(mm)	占比(%)
南涧	112.0	15	382.1	50	218.7	29	47.7	6	128.9	17	631.6	83

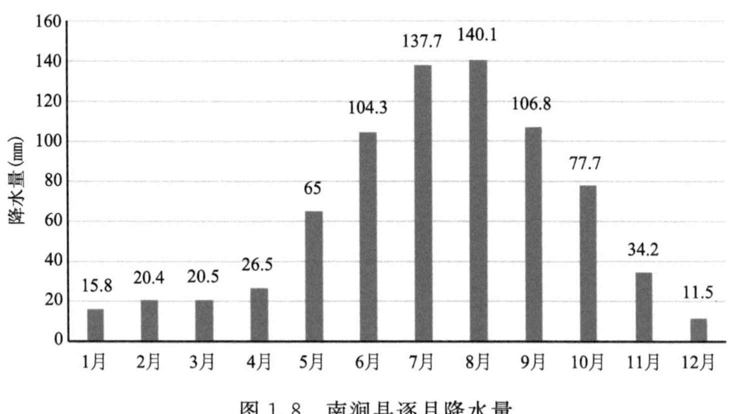

图 1.8 南涧县逐月降水量

3. 降雨量的年际变化

南涧县自有观测记录以来年降雨量最多年是 2001 年的 1061.5 mm；最少年为 1988 年，全年降雨量仅为 460.5 mm(图 1.9)。

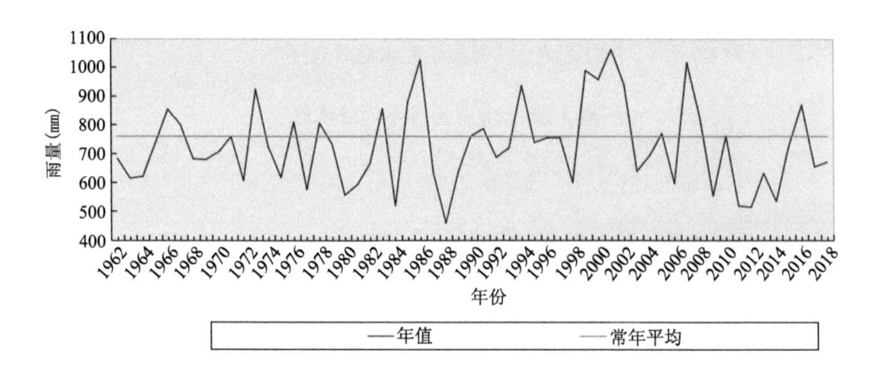

图 1.9 南涧站 1962—2018 年降水量年际变化图

4. 雨季开始(结束)日期

南涧县各地雨季开始期平均为 5 月底至 6 月初；最早于 4 月下旬，最晚为 7 月。雨季结束期平均为 10 下旬；最早为 9 月下旬，最晚为 12 月初(表 1.12)。

表 1.12 南涧县雨季开始(结束)日期

项目 台站	雨季开始期			雨季结束期		
	平均	最早	最晚	平均	最早	最晚
南涧	6 月 1 日	4 月 27 日	7 月 8 日	10 月 20 日	9 月 22 日	12 月 2 日
		1985	1967 年、1968 年		1982 年、1998 年	4 年

5. 降雨日数

气象观测统计规定日降雨量≥0.1 mm，则统计为一个雨日。南涧县年平均降雨日数为 121.2 d。一年当中，雨日多集中在汛期 5—10 月，其中尤以 7—8 月雨日最多。而干季 11 月至次年 4 月，雨日较少，一般月平均雨日均少于 10 d，其中月平均雨日冬季最少，均少于 7 d。南涧县历年各月及年平均降雨日数见表 1.13。

表 1.13　南涧县各地历年各月及年平均降雨日数　　单位：d

站点＼月份	1月	2月	3月	4月	5月	6月	7月	8月	9月	10月	11月	12月	年
南涧	4.2	5.5	7.2	9.0	10.5	13.8	17.9	17.0	14.7	12.2	5.8	3.4	121.2

6. 相对湿度

相对湿度即空气中实际水汽压与饱和水汽压的百分比。相对湿度的大小表明空气距离饱和的程度。相对湿度愈大，说明空气中水汽含量愈多，空气越接近饱和状态，反之亦然。

南涧县年平均相对湿度为 63%。年内 6—11 月绝大部分地区月平均相对湿度超过 65%，最高月平均相对湿度可达到 74%；其他月份月平均相对湿度小于 65%，最低月平均相对湿度仅 47%左右(表 1.14)。

表 1.14　南涧县各地历年各月及年平均相对湿度　　单位：%

台站＼月份	1月	2月	3月	4月	5月	6月	7月	8月	9月	10月	11月	12月	年
南涧	56	51	47	50	56	66	72	74	74	73	69	65	63

1.4　南涧县农业气候资源分布特征

《南涧县农业气候资源及区划》以热量条件(≥10℃积温、年平均气温、最热月平均气温、最冷月平均气温、极端最低气温)为主、水分条件(干燥度、年降雨量)和海拔高度为辅，其他如气象灾害、地理耕作条件、作物自然分布规律和农业生产状况等作为参考，综合考虑，将南涧县农业气候资源划分为四个农业气候区和两个农业气候副区。即：河坝暖热粮、油、蔗农业气候区(包括南涧盆坝暖热干旱副区和公郎槽子暖热半湿润副区)，低山、河谷温热粮、牧、林、果气候区(包括温热干旱副区和温热半湿润副区)，中山温和半湿润旱粮、茶、林、牧气候区，高山温凉湿润杂粮、林、牧、药气候区。

1.4.1　河坝暖热粮、油、蔗农业气候区

本区包括海拔 1500 m 以下的南涧盆坝和公郎槽子，以及小湾、碧溪乡内的沿江边河谷地带。本区是全县水稻、经济作物和经济林木果的主产区。

按全国气候带划分标准，区内属南亚热带气候，气候温热。年平均气温17.0～19.6℃，最热月平均气温22.0～24.0℃，最冷月平均气温10.0～12.7℃，极端最低气温在－2.0℃以上，≥10℃积温5000～7500℃·d，年日照时数1722～2441 h，年日照百分率33％～55％，年降水量700～1000 mm，5—10月降水量占全年降水量的84％～85％。

本区热量条件优越，是本县唯一无冬的地区，夏季长达3～5个月，春、秋季7～9个月。热量条件适宜发展喜温作物和经济果木，如甘蔗、花生、芭蕉、柑桔、竹类、棕树等，玉米、小麦、蚕豆、油菜等作物也可获得较高产量。

区内的南涧盆坝和公郎槽子，沿江河谷地带，水温条件差异极大，故又分为干热和温热两个副区。

1.南涧盆坝暖热干旱副区

本副区包括海拔在1500 m以下的南涧盆坝。区内水田面积、粮食单产和复种指数，以及饲养生猪出栏率都是全县第一，甘蔗、花生也较高产。

此副区位于无量山和哀牢山东北部，处于西南暖湿气流的背风坡，年降水量偏少，气候干热。在干热少雨的气候条件下，土壤由紫色土转化为褐红壤亚类土。年平均气温17.9～19.0℃，最热月平均气温23.0～24.0℃，最冷月平均气温10.1～11.2℃，极端最低气温－1.9～－1.4℃，全年平均气温几乎都在10℃以上，具有80％保证率≥10℃积温高达6635℃·d，持续日数多达342 d，具有80％保证率≥12℃和≥15℃的平均初日为2月16日和3月6日，具有80％保证率≥18℃的平均终日为10月1日。从热量条件来看，“立春”节气后即可露地育秧。“惊蛰”节气后就能栽秧。水稻和小麦，蚕豆或油菜一年两熟。热量有盈余，年积温可以满足水稻一年三熟。本区中海拔在1400 m以下的地区热量条件更为丰富，年平均气温≥19.0℃，年内月平均气温≥20.0℃的月份长达6个月(4—9月)，≥20.0℃的积温在1500℃·d以上。优越的热量条件对发展花生、甘蔗等经济作物极为有利。

本副区年日照时数2441 h，日照百分率为55％。全年总辐射145.7 kcal/cm^2。其中光合有效辐射70.9 kcal/cm^2。作物光能利用率处于全县领先地位。主要粮食作物对总辐射的利用率接近1％。

就光热资源而言，属全县最丰富的地区。而水湿条件却又是全县最差的地区，年降雨量仅700 mm左右，年干燥度1.56，年平均相对湿度在61％左右。干旱是本区主要的农业气象灾害，特别是冬、春干旱限制着光、热潜力的发挥，也是造成小春产量不高的主要气候原因。

区内降水偏少、蒸发大，水分亏缺严重，气候极端干燥，对农业生产极为不利，但区内大部分水田都能得到水库水和河流水的灌溉，所以水田因干旱而减产的机会不多。而无水灌溉的旱地小春产量很低，遇大旱年减产更为严重。

2.公郎槽子暖热半湿润副区

本副区包括海拔在1500 m以下的公郎槽子及小湾、碧溪乡内的江边河谷地带。本副区除种植水稻、玉米、小麦等粮食作物外，盛产经济果木芭蕉、柑桔、石榴等。河边河谷地带还有野生紫胶树种，畜牧业也有较大发展。公郎回营的肉用黄牛是本县外贸出口的重要物资之一。

此副区位于无量山和哀牢山西南部，处于西南暖湿气流的迎风坡，年降水量偏多，自然生态环境良好，气候湿热多雨。在其影响下土壤由紫色土转化发育为黄羊肝土。年平均气温17.9～19.6℃，最热月平均气温22.0～23.0℃，最冷月平均气温10.0～12.7℃，极端最低气温−2.0～−0.9℃。全年≥10℃积温多于5500℃·d，持续日数多达305 d以上，具有80%保证率≥12℃和≥15℃的平均初日为2月24日和4月4日，具有80%保证率≥18℃的平均终日为10月2日。全年日照时数1723 h，年日照百分率为39%，年降雨量1000～1300 mm。年干燥度0.93，年平均相对湿度在75%左右。

本副区高温高湿的农业气候环境，有利于病虫害的发生和蔓延。水稻稻瘟病、玉米大斑病、小麦白粉病和锈病是本副区的主要灾害。

此副区光、热、水资源较为丰富，而且三者间的配合较为协调。自然生态环境有利于农林牧副业的复合经营。

1.4.2　低山、河谷温热粮、牧、林、果气候区

本区地处海拔1500～1800 m的低山地带和高山河谷。区内种植业和畜牧业交错分布、均有发展，本区中的半干旱地带为依靠自然降水的旱作为主，河谷地带为水田。

按全国气候带划分标准，本区属中亚热带气候，气候温热。年平均气温16.0～17.5℃，最热月平均气温21.0～23.0℃，最冷月平均气温8.8～10.0℃，极端最低气温−4.0～−1.0℃。≥10℃积温4700～5500℃·d，年日照时数1700～2400 h，年降水量900～1400 mm，年干燥度0.64～1.49。

本区中同处于海拔1500～1800 m的中北部低山地带和西南部低山地带，东南部高山河谷，两者之间水湿条件有较大差异。据此又分为两个副区。

1.温热半干旱农业气候副区

本副区包括南涧盆坝边缘至海拔1800 m以下的低山地带。区内以种植玉米、小麦等旱作为主，部分雷响田也栽水稻。经济林、果、木如油桐、香橼等也有发展，此副区独特的产品——香橼，以色香味俱全，且远销国内外。

本副区处于西南暖湿气流的背风坡，年降水量偏少，自然生态环境失调，气候温热半干旱。年平均气温16.0～17.5℃，最热月平均气温21.0～23.0℃，最冷月平均气温8.8～16.0℃，极端最低气温−4.0～−1.9℃。≥10℃积温4700～5500℃·d，年日照时数2400 h左右，年降水量750～900 mm，年干燥度1.00～1.49。此副区的

光、热条件下不如南涧盆坝暖热干旱副区，而年降水量比南涧盆坝暖热干旱副区稍多。由于缺乏灌溉水源，干旱较为严重。

本副区的热量条件可以满足大、小春一年两熟，但水分条件不能满足农作物需水，干旱较为严重，因而限制了作物对光、热、水的利用，粮食产量不稳定，遇大旱年作物缺墒死苗，部分田块灭产，人畜饮水困难。栽培饲料作物热量条件充分，但需要浇灌收成才有保证，所以干旱成为本副区域农、牧业发展的主要气象灾害。

本副区的自然生态环境具有一定的脆弱性。荒山秃岭，水源缺乏，干旱灾害频繁。年雨量偏少，特别是降水变率大、有效性小，降水利用率低，又无灌溉条件，所以当年雨季迟早和雨量多少决定着大春旱地作物产量高低和雷响田的栽种。大春粮食产量很不稳定，小春作物干旱严重，产量较低。

2. 温热半湿润农业气候副区

本副区包括公郎槽子边缘至海拔 1800 m 以下的低山地带，以及小湾和乐秋两区内海拔在 1800 m 以下的小盆地。本副区中的低山地带是旱作、林、牧、果的优势地带，河谷地带籼粳稻交错分布，林、牧、果也有发展。

本副区处于西南暖湿气流的迎风坡，年降水量较多，自然生态环境好，气候温热半湿润。年平均气温 16.0～17.0℃，最热月平均气温 21.0～22.0℃，最冷月平均气温 9.0～10.0℃，极端最低气温 −2.8～−1.0℃。≥10℃积温 5000～5500℃·d，年日照时数 1700 h 左右，年降水量 1300～1400 mm，年干燥度 0.64。

本副区由于受地形条件的影响，日照时数少于温热半干旱农业气候副区。水、热条件优于温热半干旱农业气候副区。水、热条件适宜农作物大、小春一年两熟。区内东南部海拔在 1700 m 以下的水田适宜籼稻和小春一年两熟，1700 m 以上籼稻和小春一年两熟较为安全，其余的旱地和低山地带多为旱作一年两熟。在本区范围内降水多，一般年成基本满足农业用水。经济果木在全县处于优势地位。

1.4.3 中山温和半湿润旱粮、茶、林、牧气候区

本区比较分散，遍布乐秋、碧溪、拥翠、无量、南涧等五个乡镇内。区内海拔在 1800～2100 m 的中山地带。区内耕地多为分散的山坡地，也有部分水田，土壤以中性紫色土为主，农业耕作制度为依靠自然降水的旱作为主，茶叶是本区的优势产品，其面积和产量均占全县茶叶总面积和总产量的 80%以上。

本区属北亚热带气候，气候温和半湿润，年平均气温 14.0～15.9℃，最热月平均气温 17.5～21.0℃，最冷月平均气温 7.5～8.9℃，极端最低气温 −5.0～−4.0℃。≥10℃积温 4000～5000℃·d，年日照时数 1700～1800 h，年降水量 1000～1500 mm，年干燥度 0.90～1.11。雨量集中在雨季，雨季阴雨日数多，日照少，湿害重，冬春季遇旱年干旱较为严重。霜期约四个月，初霜始于 11 月初，终霜结束于 12 月中旬，冷年可降雪。霜冻和大风，以及水稻的低温冷害是本区的主要气象灾害，局部地区的冰雹灾害也较严重。

本区水湿条件较好，日照和热量条件较差。区内森林覆盖率较好，林冠蒸腾的水汽含量大，年平均相对湿度在 74%以上，干季的 11 月至次年 4 月平均相对湿度也在 68%以上，水湿条件良好，云雾天气多，正是本区茶叶品质优势之所在。但由于日照时数减少，空气和土壤湿度过于潮湿，蒸发要消耗很多热量，限制了气温升高，从而影响大春作物的生长。年内每日平均日照时数不到 5 h，大春生长季的 5—10 月平均每天日照时数只有 4.5 h，终年没有夏季，冬季 2～3 个月，春秋季长达 9～10 个月，大春生长季热量不足，特别是遇偏涝年阴雨天气增多，日照减少，热量条件更差，往往导致大春减产。

1.4.4　高山温凉湿润杂粮、林、牧、药气候区

本区包括无量、小湾、宝华、碧溪、乐秋和拥翠 6 个乡镇海拔在 2100～2500 m 的高山地带。土壤以酸性紫色土为主，区内宜耕地少而分散，农作比例不大，是发展林、牧、药生产的优势地区。

本区中海拔在 2100～2500 m 的地带。面积约占全区总面积的六分之五，此地带属暖温带气候，气候温凉湿润，年平均气温 12.0～13.9℃，最热月平均气温 15.0～17.0℃，最冷月平均气温 6.0～7.4℃，极端最低气温 －6.0～－5.0℃。≥10℃积温 <4000℃ · d，霜期长达 4 个月以上，有较重的霜冻和冰冻。年降水量 1500～1800 mm，年干燥度<0.50。雨季阴雨连绵，湿度很大，粮作一年一熟热量有余，而两熟热量不足，一年两熟大小春种植节令紧张，玉米和小麦一年两熟在 2200 m 的高度上，生育期长达 360 d 以上，显然热量十分紧张。2300 m 是玉米适宜种植的上限高度，大麦、洋芋、青稞可种到 2500 m。本地带分布着不少天然草场和林间草地植被，可大力发展牛羊等食草动物养殖。在 2000 m 以下的地带，还可利用有利地形发展茶叶和陆稻，2200 m 以上适宜发展喜凉药材。

综合各区可以看出，南涧县是立体层次十分明显的山区农业县。具有多样性的适合多种经营的中小气候环境，发展农业生产复合经营的潜力很大。在开发利用本县的农业气候资源中，应从整体和长远着眼，处理好开发和治理、生产和生态、利用和保护等相关联问题，合理配置农业结构，把丰富多样的农业气候资源优势转化为发展农、林、茶、牧、药等的优势。

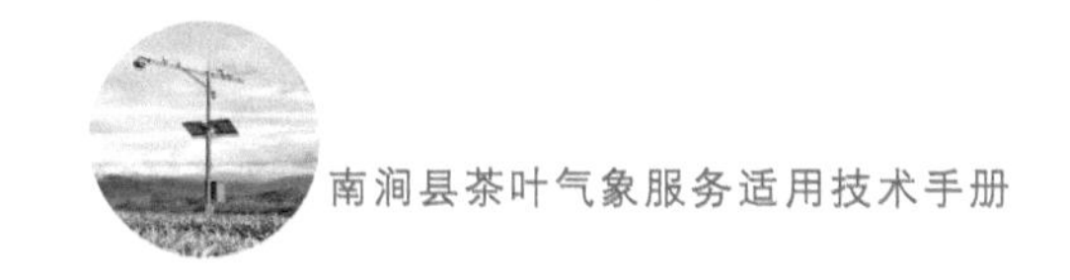

第2章 茶叶生育与气象

2.1 茶叶生育期特征以及茶叶生产中的茶树物候特征

茶树是典型的亚热带常绿植物，而且较为耐阴。它所适宜的生长环境条件，需要有较高的温度、空气湿度和水分，及一定的太阳辐射。它既不能经受较低的低温冻害和水分亏缺，也经受不了高温阴雨和强太阳辐射的长期照射。否则将会相应地导致生理失调和一些病虫害的发生，从而影响产量和品质，甚至影响到茶树植株的生存。

茶树随着外界气候条件的变化及本身生理作用对外界气候条件的反应，在整个一年内，将出现各种不同的物候现象。这些物候现象出现的日期，就是物候期。茶树主要的物候期，包括：叶芽膨大(即萌动或吐尖)；一轮鱼叶展开(即萌发)、一真叶展开、二真叶展开、三真叶展开、四真叶展开；二轮、三轮、四轮鱼叶的各叶片依次展开；茶叶各轮的采摘期；茶树的花芽出现期，现蕾期，开花期，果实成熟期；冬季休眠始期，夏季第一次休眠始期，第二次，第三次……休眠始期等等(李倬 等，2015)。

成品茶叶生产的原料，主要是茶树鲜叶，而鲜叶各物候期出现的早迟，将直接影响到茶叶的生产。一些萌发期早的茶树品种，通常在日平均气温较低的环境下萌发、出芽、展叶，在这些品种茶树上采摘的鲜叶，不仅嫩度好，而且其内含物也是丰富的，因此可作优质成茶的原料。与此同时，采摘期早的茶树鲜叶，制成成茶上市也早。制成于谷雨之前，称“雨前茶”。这种新茶可以抢先上市供应，获得数倍，甚至数十倍于一般茶叶的高价。但是，在某些气候异常的年份里，萌发早的茶树的经济效益也可能很差。例如，在有“倒春寒”的年份里，如初春时，茶芽早早萌发，当“倒春寒”出现时，已萌动，甚至已展叶的茶芽，常被零度以下的低温所冻毁，而无经济效益。此时，其他茶树，可能还未萌动，因此避开了这一劫难，在天气转暖后，再逐步萌发。它们采摘期，反而比前者为早。此外，萌动期早的茶树，遭受冻害后，不仅采摘期延后，而且茶叶产量亦将大减。

茶树的休眠期对茶叶生产亦有一定影响。茶树的休眠，包括两种：一是茶树新梢轮次之间的“自然休眠”。这种休眠是短暂的，只持续数天或几周，过后它能自行复苏，并开始下一轮次的生长。另一种是“被迫休眠”，它是对于外界不良环境条件(如低温、短日照等)的一种响应。它持续的时间较长，包括整个冬季。“自然休眠”实质上是茶树在水分、养分等供需矛盾突出时，在茶树新梢上的响应。如果自然休眠期

长，新梢生长期相应缩短，并且很容易形成对夹叶，不仅相对地减少了鲜叶的产量，而且也降低了茶叶的品质(李倬 等,2015)。

南涧茶区在深秋气温渐低至不适宜茶芽生长时，茶树就停止了发芽，此时枝叶中形成的光合物贮存在根茎中，进入休眠期后，它们又转化为糖，提高了细胞液浓度，增强了茶树植株的抗寒能力，并充实了越冬茶芽，从而为翌年的春茶生产打下了良好的物质基础。

1. 茶树部分物候期图

见图 2.1～图 2.5。

图 2.1　鳞片展

图 2.2　鱼叶展

图 2.3　鳞片（左）、鱼叶（中）、第一叶（右）

图 2.4　一芽一叶展

图 2.5　一芽二叶展

2. 南涧茶叶物候期

(1)茶芽萌动期

茶芽萌动期,茶树枝梢顶部越冬的顶芽、腋芽(或枝干上的一些不定芽),在经过冬季休眠之后,一般在2月日平均温度达到10℃左右时,开始萌动。休眠状态的越冬芽逐渐膨大,芽表面保护芽体的鳞片裂开(通常每个越冬休眠芽外面,有3～5片鳞片,呈复瓦状排列),带有白色茸毛的芽尖伸出鳞片外并超过鳞片的顶端。当芽体露出鳞片部分达鳞片长度的1/3以上时,即进入膨大期。当整个茶丛上休眠芽有50%膨大时,即进入到膨大盛期。南涧茶芽萌动期通常多在2月中下旬。

(2)萌发期

萌发期也称鱼叶展开期。气温在10～14℃鱼叶开始伸长展开,12～14℃生长迅速。当茶芽萌动后,芽体日渐膨大。外面的鳞片,随着茶芽的增大,逐次展开并且依次脱落。然后继之出现的,将是鱼叶展开。在每枝茶树新梢的基部,通常都有一片鱼叶(亦有少数是无鱼叶或有2～3片鱼叶的)。它是一种叶顶圆钝,叶柄宽平,侧脉不明显的小叶片。它与正常的茶树叶片——真叶差异较大,实质上是一种发育不完全的真叶,具有鳞片与真叶之间的中间性状。当鱼叶展开后,就露出了整个壮实的芽体,它是由几片真叶卷包在一起而形成的。这时即达到了茶芽萌发期。由于茶树品种的不同,春季茶芽萌动和萌发的迟早,有一定差异。南涧茶芽萌发期通常多在3月上中旬。茶树的树龄不同,也往往影响到萌芽期。通常同一品种幼树的萌发期,常较老年树的萌发期为早。因为随着树龄的增长,一些较老、较粗的侧枝,生长缓慢,萌芽迟缓。

(3)一真叶～三真叶期

随着茶芽的增长,鱼叶展开后,真叶将逐一展开,即进入一真叶～三真叶物候期。南涧茶树一真叶～三真叶物候期通常在3月下旬至4月下旬,在2017—2019年南涧茶叶物候期观测中,南涧茶树一真叶～三真叶物候期平均发生时间在3月22日前后。研究表明春天每展开一片真叶约需5～6 d,在适宜的环境条件下,只需2～3 d即可形成一批展开的真叶。环境条件较差的情况下,每展开一片真叶,可能长达15～18 d。

(4)春茶采摘期

南涧茶叶的采摘期分为三个阶段:春分前后采制春茶,芒种前后采制夏茶。春茶采摘需要及时,茶尖短而嫩,口感品质最佳。立秋前后采制秋茶,夏茶收尾秋茶开采一般不分时间界限,基本在8月左右自然过渡。夏茶叶尖更长,茶包不易散。秋茶嫩度不如春、夏茶,难以揉捻成条,浸泡时容易散。南涧茶叶采摘标准:采一芽二叶和同等嫩度单片叶及对夹叶。要求春茶留鱼叶采,夏、秋茶留一叶采。

茶树新梢抽长,达到有一芽和一、二至三片真叶展开,就进入了新梢成熟可采期,即茶叶采摘期。春季第一次的茶叶采摘期,通常称之为“初采期”,茶区中则常称之为

“开园期”。

南涧春茶采摘期通常在 3 月下旬至 5 月上旬，南涧春茶初采期，通常在春分前后，清明前采制的，也称“明前茶”，被视为珍品。在南涧山区，由于地形、地势的影响，山地小气候的差异较大，同一品种的茶叶初采期，常随着山区地形小气候的差异，在较小的范围内，而有很大的差别。春茶开园期随着茶园海拔高度的增加而后延的现象非常明显。其中海拔高度相差 660 m 的两个茶园，其春茶开采期可后延 15 d。

(5)休止期

春季茶树新梢上的嫩芽叶，若不适时采摘，则很快老化，不能供作制茶原料。因此农谚中普遍有“早采三天是个宝，迟采三天是个草”的说法。未采的茶树新梢，通常在 5～6 片真叶展开后，枝梢顶端将出现一个退化的顶芽——驻芽。与此同时，进入休止期，南涧春茶采摘后的休止期通常发生在 5 月中下旬，新梢将暂时停止生长，形成明显的轮次节，从而完成了第一轮茶芽的生长。

(6)第二轮茶芽萌发采摘期(夏茶采摘)

夏季茶树经过短期休止后，新梢再继续进行萌发、伸长、展叶，即进入南涧第二轮茶芽萌发采摘期——夏茶采摘期，南涧夏茶采摘期通常在 6 月中旬至 7 月下旬。小暑和大暑期间采摘的茶叶称为“暑茶”。南涧全年整个茶树生长季内适期采摘的新梢，一般可以生长 4～5 轮。如果适期采摘新梢，则留下残梗的最上端叶腋中的腋芽，将萌发成为次一轮的新梢。而且，采摘可以促使下一轮新梢加速萌发，并使全年茶芽萌发的轮次增多。8 月初夏茶采摘完成后，由于夏季气温偏高，经过短暂的休眠时间，茶叶再次开始萌动萌发，进入下一轮的采摘期。

(7)第三轮茶芽萌发采摘期(秋茶采摘)

秋季新梢再继续进行萌发、伸长、展叶，即进入南涧第三轮茶芽萌发采摘期——秋茶采摘期，南涧秋茶采摘期通常在 8 月下旬至 10 月中旬。分为早秋茶(8 月中旬至 9 月中上旬)和晚秋茶(10 月上旬至 10 月下旬)，但由于晚秋茶品质较差，且为来年春茶积累养分，南涧茶农一般不再采摘晚秋茶。

(8)茶树花芽分化期和开花期

茶花是两性花，自花授粉往往不能结果，即使有少数果实，生命力也很弱。因此需要虫媒授以其他花朵上的花粉，才能正常受精发育成果实。茶树于每年 5 月开始花芽分化，开花时间因茶树品种和种植地区而异，南涧一般于每年 9—12 月陆续开放，10 月中下旬至 11 月中旬为盛花期。茶树花的寿命很短，一般为 2～7 d，开放后 2 d 没有受精，茶树花便自动脱落，自花芽分化到开花约需 100～110 d。

(9)果实成熟期

采摘期受精的子房，即开始发育。第二年春季回暖后，再继续发育。到了第二年的 8 月、9 月间，茶树果实果皮由原来的淡绿色，逐步变为深绿、黄绿以至红褐色，此时达黄熟期。10 月下旬果皮渐呈棕色或紫褐色，而且由于果皮中水分大量散失，从

果背开始裂开，这就进入了蜡熟期，也就是茶树果实成熟可采期。

茶树花芽萌发到茶果及种子成熟，约需经过一年半的时间。而且在 6—12 月这半年里，既出现了当年的花芽萌发、开花、授粉的现象，同时也出现上一年受精的茶花子房不断发育形成果实、种子，以至最终达到成熟的过程。在整个成年的茶园里，全年都可以见到不断孕育的花蕾，不断开放的茶花，不断成熟的花籽，此起彼落。

(10)停采期/茶树休眠期

当秋季日平均气温逐渐下降到 10℃左右(约在 11 月中旬)的时候，茶树最后一轮生长的秋梢将停止生长，而转入到冬眠阶段。从茶树的越冬芽开始萌发，直到秋梢停止生长期间(包括各轮之间的休眠期)常称之为茶树新梢全年生长期。

由于南涧地处亚热带向暖温带过渡区，冬季气温较低，为了保护茶树能安全越冬，保证春茶的产量，一般茶园总是在秋稍停止生长前 1～2 个月，停止茶树鲜叶的采摘，一般在 11 月上旬。此后茶芽逐渐形成驻芽，直到驻芽率达到 80%。通常秋茶停采的时期又称“封园期”。

2.2　气象因素对茶树生长发育的影响

2.2.1　太阳辐射与茶树的生长发育

茶树的生长发育与外界生态条件是紧密地联系在一起的。太阳辐射是茶树进行光合作用、制造养分的唯一能量来源。茶树在光、太阳辐射的光谱成分、辐射能强度或照度、日照时间的长短等，都有一定的需求和反应。在这些方面，与其他的作物一样，茶树既有它的共性，也有它的个性。茶树由于原产于亚热带丛林中，长期适应于一些乔木枝叶覆盖下的环境条件，因而具备耐阴的特性。据一些学者的研究资料分析，茶树可能属于 C_3 植物(庄晚芳，1984)，它的光合效率相对来说是比较低的。此外，日照时间的长短对于茶树茶芽的分化也有一定的影响。

研究表明，树木遮阳对茶树的生态效应的影响是很复杂的。这些效应，可分成两大组，即直接的效应和间接的效应。前者除影响到茶园的光照外还有气流的流通(风)、温度、空气和土壤的湿度等；间接的效应则包括土壤水分、有机质、养分贮存与循环、根系的竞争。这些因子中，有些彼此之间互有影响。而且所有这些因子，皆与茶树的生理过程有关。

2.2.2　温度与茶树的生长发育

茶树原生于亚热带丛林，它长期以来适应了比较温暖的气候。因此它在整个生长发育期间，都需要较高的温度。冬季气温较低，茶树常有一段休眠时期，待到第二年春天到来，气温逐渐回升以后，茶树上越冬的休眠芽才又开始萌动。当春季气温回升到 10℃左右时，茶树越冬芽即可萌动。但是，由于茶树的品种、所在地区以及茶树年代的不同，茶树萌动时的气温值有一定差异。

适宜茶树生长的温度条件是年平均气温≥15.0℃，≥10.0 ℃的积温≥4500℃·d，多年平均极端最低气温＞－10.0℃。茶树生育的最佳温度为20～25℃，最适宜新梢生长的日平均气温为≥18.0℃。采收前10～20 d日平均气温在10～15℃，特别是采摘前3～5 d日平均气温为13～18℃时，茶叶品质最优。一般最低气温达－10℃时，开始受冻，－13～－12℃时，嫩梢、芽叶受冻较重，叶缘发红变枯，使春茶减产，－15℃以下的低温，将使地上部分大部或全部冻枯。当气温≥35.0℃时，茶树生长便会受到抑制；如果高温时间持续较长，再加上空气和土壤相对湿度低，茶树会因高温干旱而发育不良。

1.温度与新梢的生长

据研究，在气温为20～25℃，降水、湿度等条件都很适宜的情况下，茶树新梢生长较快，每天平均可以伸长1.5 cm以上，而在多数情况下，往往超过2.0 cm。若气温超过25℃或低于18℃时，则新梢生长速度皆较前者缓慢。若气温在10℃以下，生长最缓。不过在20～30℃时，茶树生长虽然较快，茶叶品质将会降低。南涧大叶种茶，在春季新梢生长期间，若气温稳定维持在适宜范围内，空气相对湿度维持在75%～85%的情况下，则新梢生长良好，轮性正常。如果此时气温下降到10℃左右，茶树新梢将立即停止伸展。

在头茶期间，昼夜温差越大，越能促进茶树新梢伸展的速度，同时也有增加产量的趋势；但是在二茶、三茶期间，恰恰与之相反。此时平均气温已高，白天的无效高温越多，昼夜温差越大，茶树新梢伸展的速度反而变缓慢，产量也呈减少的趋势。

2.茶树新梢生长对积温的需求

春季茶树萌发后，新梢将随着活动积温(≥10℃)的增加而不断增长。通常在茶树新梢上，每展开一片茶树嫩叶片，约需≥10℃活动积温90～100℃·d。不同的季节和气候条件下，不同轮次的茶树嫩梢从开始萌发到新梢成熟可采，所需的热量(活动积温或有效积温)各轮次间将略有不同。一般说来，大致需要250～350℃·d的活动积温(≥10℃)。

3.茶树生殖生长与气温

茶树开花时的平均气温通常为15～25℃。当气温为18～20℃，空气相对湿度70%～80%时，最适宜于茶树花朵的开放。在花蕾形成后期，若气温低于－2℃，则茶花不能开放，若低于－5～－4℃，则茶树花器将大部分死亡。在秋季，如若当年副热带高压势力强盛，冷空气来得迟，则气温多在25℃以上，茶树开花也迟；反之，若当年副热带高压迅速东撤，冷空气到来早，初秋气温较低，则茶树的花也开得早。

茶树种子发芽的适宜温度为25～28℃。若将茶籽放入温度为25℃，并含有适当水分的湿沙中，则15 d左右，茶籽将开始发芽。若温度超过30℃，种子很容易变质，其发芽率逐渐降低，温度达45℃时，茶籽的发芽力将全部丧失。

2.2.3　水分与茶树的生长发育

适宜种茶树的地区，一般年降雨量应在 1000 mm 左右，月降雨量在 80 mm 以上。由于茶树存在生长季节耗水多，休眠期间耗水少的特点，因此，全年降雨量一般应＞1000 mm，空气相对湿度保持在 80%左右为宜。

1. 茶园中的水分收支

茶树是喜欢在湿润多雨的环境下生长的作物。它的植株体内，含水分较多，其根部含水量约为根重的 50%，枝干含水量为 45%～50%，老叶含水量为 65%左右，特别是幼嫩的新梢，含水量最高，为 75%～80%。民间流传有"无水就无茶"的农谚。可见水分在茶树生育中占有很重要的地位(李倬 等，2015)。

通常，茶树生长期内，可以大致用各月蒸散量(茶树植株蒸腾量与土壤表面蒸发量的和)作为它需水量的客观衡量标准。如若月降水量大于该月茶树的蒸散量，则茶园土壤中水分基本上是有富裕的，能满足茶树对水分的需求；反之，则土壤中水分亏缺，从而影响到茶叶的产量和品质(李倬 等，2015)。

根据农业气候资料分析，年干燥度在 0.7 以下的地区，可以作为主要产茶区，在此区内茶树可以进行大面积地经济栽培。若年干燥度值在 0.5 左右，则该地生产的茶叶品质较高。

2. 空气湿度与茶树的生长发育

空气湿度对茶树的生长也是非常重要的。由于茶树在系统发育过程中，长期适应了高湿的环境条件，因而它在生育中对空气湿度的需求也较高。在高度湿润的环境中，茶树新梢柔嫩，内含物质丰富，产量高，品质好。

一般认为，茶树在生育期间需要 80%以上的相对湿度，在午后湿度较低的时候，空气相对湿度至少也要在 70%以上。如果空气的相对湿度过低，茶园的蒸腾量大，则茶树植株本身的水分平衡受到影响，新梢的生长量低，而且多出现对夹叶。反之若空气相对湿度高，则将使茶园的蒸腾减弱，植株中的水分将多用于形成更多柔嫩的新梢。当空气中相对湿度低于 60%时，则茶树的呼吸强度增大，由此所耗去的二氧化碳大于同期光合作用合成的量，叶质粗硬。因此茶叶的产量、质量都较差。通常在垂直方向上，在一定的高度范围内，气温是随着海拔高度的增加而降低的。因此在山区一定的高度范围内，空气相对湿度常随海拔高度的增加而增大。通常在 600～700 m 到 2000～3000 m 的高度层中，一年四季经常云雾弥漫，是空气相对湿度达到饱和的象征。高山云雾不仅提供了高湿环境，而且它还减弱了太阳直射光，增强了漫射光，有利于茶叶品质的形成，这正是"高山云雾出好茶"的由来。此外，在临近河川湖泊或是大型水库的山地丘陵，特别是水中的岛屿或半岛上，常年水汽蒸蔚，雾霭萦绕，所生产的茶叶也是品质最佳的。

2.2.4　土壤湿度与茶树的生长发育

茶园土壤中的水分状况，也直接影响着茶树的生长。它首先影响着茶树根系的活动，同时也将影响着茶树新梢的生长速度。在茶树生长期间，土壤相对湿度宜在65%以上。特别是在生长最为旺盛，蒸腾量最大的时段。

降水过多，排水不良，茶园土壤水分长期处于过饱和状态，则茶树根系缺氧窒息，茶树生长也受到不良影响，甚至全株死亡。

2.3 南涧县茶区的基本气候特征

南涧县茶区主要分布在海拔(1700～2300 m)的亚热带山区和半山区内，这里主要受西南暖湿气流的影响，全年温和湿润，年平均降水在1000～1700 mm，年平均气温为13.5℃，≥10℃的年活动积温为4000℃·d，年日照时数总计平均为2257 h，全年无霜期达305 d，年平均相对湿度为75%，水汽充沛，云雾缭绕。这里的土壤质地疏松，生长旺盛期土壤持水量维持在80%左右，土壤pH值为4.5～5.5，为适宜茶树生长的酸性土壤。无量山茶区的绿茶汤色黄绿，香气嫩香浓郁，滋味醇厚回甘，叶底嫩匀明亮。哀牢山茶区的地形地貌复杂，气候温和，湿润多雾，土壤肥沃，茶树生长周期长，茶叶内含物质丰富，氨基酸含量较高，茶多酚含量适中(平均在30%以上)形成纯正回甘、清香持久的品质特点。

2.4 南涧县茶叶物候观测技术

2.4.1 观测目的和意义

茶树生长发育受环境条件的影响，其中气象要素是重要条件之一。茶树的物候现象既反映近期，也反映过去一段时间的气象条件对它的影响。通过对茶树的观测，可鉴定其生长发育、产量形成、品质优劣与气象条件的关系，为开展茶树气象情报、预报服务和试验研究提供材料，为茶树引种、布局等提供科学依据。

2.4.2 南涧物候观测茶叶品种选取

《茶树种质资源数据质量控制规范》中相关方法选取观测茶树物候期，茶树种质圃资源种植规格是行距1.5 m，株距0.33 m，有性系品种(用种子繁殖后代)每个品种选取10棵茶树，每棵茶树选取2个茶芽进行观测。无性系品种(用枝条扦插、嫁接等方式繁殖后代)每个品种选取5棵茶树，每棵茶树选取2个茶芽进行观测。

每个茶芽选取规范：第一批修剪茶树剪口下的第一个芽和叶，要求各个茶芽的大小基本一致。给每个茶芽挂上标签。

2.4.3 茶叶各生育期辨别

1. 萌动期

芽体膨大，鳞片分离，芽尖吐露。

2. 鳞展期

腋芽或顶芽尖端呈现淡红色，体积明显膨大、伸长，外层鳞片渐次开裂或脱落。芽尖端露出带有白色茸毛的鱼叶芽体。

3. 鱼叶展开期

鱼叶（不完全叶，俗称胎叶、奶叶，区别于茶叶的叶片，无锯齿状）平展或与发育芽体分离。

4. 一芽一叶

第一真叶平展或与发育芽体完全分离。

5. 一芽二叶

第二真叶平展或与发育芽体完全分离。

6. 一芽三叶

第三真叶平展或与发育芽体完全分离。

7. 一芽四叶

第四真叶平展或与发育芽体完全分离。其余类推。

8. 花芽形成期

任一叶腋芽侧基部出现带细柄的花芽体。

9. 现蕾期

任一叶芽侧基部出现带萼片的绿色花蕾，花柄长约 3 mm。

10. 开花期

花瓣完全展开。

11. 果实成熟期

目测有半数以上的果实出现微小裂缝，种壳硬脆呈棕褐色，籽粒饱满呈乳白色。

12. 种子采摘期

茶园实际采摘种子的日期。

13. 休止期

秋后有 80%的茶芽形成驻芽。

14. 发育轮次

茶树芽梢轮性生长的阶段过程即为发育轮次。

2.4.4　观测时间

春茶茶芽萌动期通过后，每隔 1 d 观测一次。其他时期每隔 2 d 观测一次。以样本数的 30%达到对应生育期为准，将茶芽所处物候期进行记录。

2.4.5　采摘标准

每个茶芽萌芽轮次期间，当茶芽生长至一芽三叶时，采摘一芽二叶，保留一叶继续挂上标签观测，等待下一轮次再进行采摘。

2.4.6 茶芽标签补挂

观测期间遇见茶芽萎缩或被破坏的情况下，应该立即重新更换新的同时期的茶芽。

2.4.7 茶叶物候期观测记录表

第一页　2019 CK1

茶叶物候期观测记录表

品种：CK1 云抗10号　　有性□ 无性☑

日期＼物候期＼编号	1-1	1-2	2-1	2-2	3-1	3-2	4-1	4-2	5-1	5-2	签名	备注
2019年2月28日	鱼叶展	鱼叶展	鳞展	鱼叶展	鳞展	鳞展	鳞展	鳞展	鱼叶展 鳞展	鱼叶展 鳞展	龙如君	5-1 5-2 修改
2019年3月1日	鱼叶展	鱼叶展	鳞展	鱼叶展	鳞展	鳞展	鳞展	鳞展	鱼叶展	鱼叶展	龙如君	
2019年3月2日	鱼叶展	鱼叶展	鳞展	鱼叶展	鳞展	鳞展	鳞展	鳞展	鱼叶展	鱼叶展	龙如君	
2019年3月4日	鱼叶展	鱼叶展	鳞展	鱼叶展	鳞展	鳞展	鳞展	鳞展	鱼叶展	鱼叶展	龙如君	
2019年3月6日	鱼叶展	鱼叶展	鳞展	鱼叶展	鳞展	鳞展	鳞展	鳞展	鱼叶展	鱼叶展	龙如君	
2019年3月7日	鱼叶展	鱼叶展	鳞展	鱼叶展	鳞展	鳞展	鳞展	鳞展	鱼叶展	鱼叶展	龙如君	
2019年3月9日	鱼叶展	鱼叶展	鳞展	鱼叶展	鳞展	鳞展	鳞展	鳞展	鱼叶展	鱼叶展	龙如君	
2019年3月11日	鱼叶展	鱼叶展	鳞展	鱼叶展	鱼叶展	鱼叶展	鳞展	鱼叶展	鱼叶展	鱼叶展	龙如君	
2019年3月13日	鱼叶展	鱼叶展	鱼叶展	鱼叶展	鱼叶展	鱼叶展	鳞展	鱼叶展	鱼叶展	鱼叶展	龙如君	
2019年3月15日	鱼叶展	鱼叶展	鱼叶展	一芽一叶	鱼叶展	鱼叶展	鳞展	鱼叶展	鱼叶展	一芽鱼叶展	龙如君	5-2 一芽一叶
2019年3月17日	鱼叶展	鱼叶展	鱼叶展	一芽一叶	一芽一叶	一芽一叶	鱼叶展	鱼叶展	鱼叶展	一芽一叶	龙如君	
2019年3月19日	鱼叶展	鱼叶展	一芽一叶	一芽一叶	一芽一叶	一芽一叶	一芽一叶	一芽一叶 (circled)	鱼叶展	一芽一叶	龙如君	4-2 鱼叶展
2019年3月21日	鱼叶展	鱼叶展	一芽一叶	一芽一叶	一芽一叶	一芽一叶	一芽一叶	一芽一叶 (circled)	一芽一叶	一芽二叶	龙如君	4-2 鱼叶展
2019年3月23日	鱼叶展	鱼叶展	一芽一叶	一芽一叶	一芽一叶	一芽一叶	一芽一叶	鱼叶展	一芽一叶	一芽二叶	龙如君	
2019年3月25日	鱼叶展	鱼叶展	一芽一叶	一芽一叶	一芽一叶	一芽一叶	一芽一叶	一芽一叶	一芽一叶	一芽二叶	龙如君	
2019年3月27日	鱼叶展	鱼叶展	一芽一叶	一芽一叶	一芽二叶	一芽一叶	一芽一叶	一芽一叶	一芽二叶	一芽二叶	龙如君	
2019年3月29日	鱼叶展	鱼叶展	一芽一叶	一芽一叶	一芽二叶	一芽一叶	一芽一叶	一芽一叶	一芽二叶	一芽二叶	龙如君	

备注：1. 物候期填萌动、鳞片展、鱼叶展、一芽一叶、一芽二叶、一芽三叶……驻芽。
2. 当长到一芽三叶时采摘一芽二叶后继续观测发芽轮次等项目。

第二页

茶叶物候期观测记录表

品种：CK1 云抗10号　　有性□ 无性☑

日期＼物候期＼编号	1-1	1-2	2-1	2-2	3-1	3-2	4-1	4-2	5-1	5-2	签名	备注
2019年3月31日	鱼叶展	鱼叶展	一芽一叶	一芽一叶	一芽二叶	一芽二叶	一芽一叶	鱼叶展 (circled)	一芽二叶	一芽二叶	龙如君	4-2 一芽一叶
2019年4月2日	鱼叶展	鱼叶展	一芽二叶	一芽二叶	一芽二叶	一芽二叶	一芽一叶	一芽一叶	一芽二叶	一芽二叶	龙如君	
2019年4月4日	鱼叶展	一芽一叶	一芽二叶	一芽二叶	一芽二叶	一芽二叶	一芽二叶	一芽一叶	一芽二叶	一芽三叶	龙如君	
2019年4月6日	一芽一叶	一芽一叶	一芽三叶	一芽二叶	一芽二叶	一芽二叶	一芽二叶	一芽一叶	一芽三叶 (circled)	一芽三叶	龙如君	5-1 一芽二叶
2019年4月8日	一芽一叶	一芽一叶	一芽三叶	一芽三叶	一芽三叶	一芽二叶	一芽二叶	一芽二叶	一芽二叶	一芽三叶	龙如君	
2019年4月10日	一芽二叶	一芽四叶	休眠	休眠	休眠	休眠	休眠	休眠	休眠	休眠	龙如君	4月1日采
2019年4月12日	一芽二叶	一芽三叶	休眠	休眠	休眠	休眠	休眠	休眠	休眠	休眠	龙如君	
2019年4月14日	休眠	休眠	休眠	休眠	休眠	休眠	休眠	休眠	休眠	休眠	龙如君	2019年4月15日
2019年4月18日	√ √	√ √	√ √	√ √	√ √	√ √	√ √	√ √	√ √	√ √	龙如君	
2019年4月22日	√ √	√ √	√ √	√ √	√ √	√ √	√ √	√ √	√ √	√ √	龙如君	
2019年4月24日	√ √	√ √	√ √	√ √	√ √	√ √	√ √	√ √	√ √	√ √	龙如君	
2019年4月29日	√ √	√ √	√ √	√ √	√ √	√ √	√ √	√ √	√ √	√ √	龙如君	
2019年5月2日	休眠	休眠	萌动	萌动	萌动	萌动	萌动	休眠	萌动	萌动	龙如君	
2019年5月4日	休眠	萌动	萌动	萌动	萌动	萌动	萌动	萌动	萌动	萌动	龙如君	
2019年5月6日	休眠	萌动	萌动	萌动	萌动	萌动	萌动	萌动	萌动	萌动	龙如君	

备注：1. 物候期填萌动、鳞片展、鱼叶展、一芽一叶、一芽二叶、一芽三叶……驻芽。
2. 当长到一芽三叶时采摘一芽二叶后继续观测发芽轮次等项目。

第三页

茶叶物候期观测记录表

品种：CK1　　有性□ 无性☑

日期＼物候期＼编号	1-1	1-2	2-1	2-2	3-1	3-2	4-1	4-2	5-1	5-2	签名	备注
2019年5月8日	萌动	萌动	萌动	萌动	萌动	萌动	萌动	萌动	萌动	萌动	龙如君	
2019年5月10日	萌动	萌动	萌动	萌动	萌动	萌动	萌动	萌动	萌动	萌动	龙如君	
2019年5月12日	萌动	萌动	萌动	萌动	萌动	萌动	萌动	萌动	萌动	萌动	龙如君	
2019年5月14日	萌动	萌动	萌动	萌动	鳞展	萌动	萌动	鳞展	萌动	萌动	龙如君	
2019年5月16日	萌动	鳞展	萌动	萌动	鳞展	鳞展	鳞展	鳞展	鳞展	萌动	龙如君	
2019年5月18日	萌动	鳞展	萌动	萌动	鳞展	鳞展	鳞展	鳞展	鳞展	萌动	龙如君	
2019年5月20日	萌动	鳞展	鳞展	萌动	鳞展	鳞展	鳞展	鳞展	鳞展	萌动	龙如君	
2019年5月22日	萌动	鳞展	鳞展	鳞展	鱼叶展	鳞展	鳞展	鳞展	鳞展	萌动	龙如君	
2019年5月24日	鳞展	鳞展	鳞展	鳞展	鱼叶展	鳞展 (circled)	鳞展	鳞展	鳞展	萌动	龙如君	3-2 鱼叶展
2019年5月26日	鳞展	鳞展	鱼叶展	鳞展	鱼叶展	鱼叶展	鳞展	鳞展	鱼叶展	鳞展	龙如君	
2019年5月28日	鳞展	鱼叶展	鱼叶展	鳞展	鱼叶展	鱼叶展	鳞展	鳞展	鱼叶展	鳞展	龙如君	
2019年5月30日	鳞展	鱼叶展	鱼叶展	鳞展	一芽一叶	一芽一叶	鳞展	鳞展	鱼叶展	鳞展	龙如君	
2019年6月1日	鱼叶展	鱼叶展	一芽一叶	鱼叶展	一芽一叶	一芽一叶	鳞展	鳞展	鱼叶展	鳞展	龙如君	
2019年6月3日	鱼叶展	鱼叶展	一芽一叶	鱼叶展	一芽一叶	一芽一叶	鳞展	鳞展	一芽一叶	鳞展	龙如君	
2019年6月5日	鱼叶展	鱼叶展	一芽一叶	鱼叶展	一芽一叶	一芽一叶	鳞展	鳞展	一芽一叶	鱼叶展	龙如君	
2019年6月7日	一芽一叶	一芽一叶	一芽二叶	鱼叶展	一芽二叶	一芽二叶	鱼叶展	鳞展 (circled)	一芽一叶	鱼叶展	龙如君	4-2 鱼叶展
2019年6月9日	一芽二叶	一芽一叶	一芽二叶	一芽一叶	一芽二叶	一芽二叶	鱼叶展	鱼叶展	一芽二叶	鱼叶展	龙如君	

备注：1. 物候期填萌动、鳞片展、鱼叶展、一芽一叶、一芽二叶、一芽三叶……驻芽。
2. 当长到一芽三叶时采摘一芽二叶后继续观测发芽轮次等项目。

第四页

茶叶物候期观测记录表

品种：CK1　　有性□ 无性☑

日期＼物候期＼编号	1-1	1-2	2-1	2-2	3-1	3-2	4-1	4-2	5-1	5-2	签名	备注
2019年6月11日	一芽一叶	一芽一叶	一芽三叶	一芽一叶	一芽三叶	一芽三叶	鱼叶展	鱼叶展	一芽一叶	鱼叶展	龙如君	
2019年6月13日	一芽一叶	一芽二叶	一芽三叶	一芽二叶	一芽三叶	一芽三叶	一芽一叶	一芽一叶	一芽一叶	一芽一叶	龙如君	
2019年6月15日	一芽一叶	一芽二叶	一芽三叶 (circled)	一芽二叶	一芽三叶	一芽四叶	一芽一叶	一芽一叶	一芽二叶	一芽一叶	龙如君	2-1 一芽四叶
2019年6月17日	一芽一叶	一芽二叶	休眠	一芽二叶	一芽四叶	休眠	一芽二叶	一芽二叶	一芽二叶	一芽一叶	龙如君	
2019年6月19日	休眠	休眠	休眠	休眠	休眠	休眠	休眠	休眠	休眠	休眠	龙如君	(驻…) 同以休眠
2019年6月21日	休眠	休眠	休眠	休眠	休眠	休眠	休眠	休眠	休眠	休眠	[illegible]	
2019年6月27日	休眠	休眠	休眠	休眠	休眠	休眠	休眠	休眠	休眠	休眠	龙如君	
2019年7月1日	萌动	萌动	萌动	萌动	萌动	萌动	萌动	萌动	萌动	萌动	龙如君	
2019年7月3日	萌动	萌动	萌动	萌动	萌动	萌动	萌动	萌动	萌动	萌动	龙如君	
2019年7月5日	萌动	萌动	萌动	萌动	萌动	鳞展	萌动	萌动	鳞展	萌动	龙如君	
2019年7月7日	鳞展	萌动	萌动	鳞展	萌动	鳞展	鳞展	鳞展	鳞展	萌动	龙如君	
2019年7月9日	鳞展	鳞展	萌动	鳞展	鳞展	鳞展	鳞展	鳞展	鳞展	鳞展	龙如君	
2019年7月11日	鳞展	鳞展	鳞展	鳞展	鳞展	鱼叶展	鳞展	鳞展	鳞展	鳞展	龙如君	
2019年7月13日	鳞展	鳞展	鳞展	鱼叶展	鳞展	鱼叶展	鱼叶展	鱼叶展	鱼叶展	鳞展	龙如君	
2019年7月15日	鳞展	鳞展	鳞展	鱼叶展	鳞展	鱼叶展	鱼叶展	鱼叶展	鱼叶展	鱼叶展	龙如君	
2019年7月17日	鳞展	鱼叶展	鱼叶展	一芽一叶	鱼叶展	鱼叶展	鱼叶展	鱼叶展	鱼叶展	鱼叶展	龙如君	
2019年7月19日	鱼叶展	鱼叶展	鱼叶展	一芽一叶	鱼叶展	鱼叶展	一芽一叶	鱼叶展	一芽一叶	鱼叶展	龙如君	

备注：1. 物候期填萌动、鳞片展、鱼叶展、一芽一叶、一芽二叶、一芽三叶……驻芽。
2. 当长到一芽三叶时采摘一芽二叶后继续观测发芽轮次等项目。

第五页

茶叶物候期观测记录表

品种：CK1　　有性□ 无性☑

日期＼物候期＼编号	1-1	1-2	2-1	2-2	3-1	3-2	4-1	4-2	5-1	5-2	签名	备注
2019年7月21日	鱼叶展	鱼叶展	一芽一叶	一芽二叶	鱼叶展	鱼叶展	一芽一叶	鱼叶展	一芽一叶	一芽一叶	龙如君	
2019年7月23日	鱼叶展	一芽一叶	一芽二叶	一芽二叶	一芽一叶	一芽一叶	一芽二叶	一芽一叶	一芽一叶	一芽二叶	龙如君	
2019年7月25日	一芽一叶	一芽一叶	一芽二叶	一芽二叶	一芽一叶	一芽一叶	一芽二叶	一芽一叶	一芽二叶	一芽二叶	龙如君	
2019年7月27日	一芽一叶	一芽二叶	一芽三叶	一芽三叶	一芽二叶	一芽一叶	一芽二叶	一芽二叶	一芽二叶	一芽三叶	龙如君	
2019年7月29日	一芽二叶	一芽二叶	休眠	休眠	一芽二叶	一芽二叶	一芽三叶	一芽二叶	一芽三叶	休眠	龙如君	
2019年7月31日	一芽二叶	一芽三叶	休眠	休眠	一芽三叶	一芽二叶	休眠	一芽三叶	休眠	休眠	龙如君	
2019年8月2日	一芽三叶	休眠	休眠	休眠	休眠	一芽三叶	休眠	休眠	休眠	休眠	龙如君	
2019年8月4日	休眠	休眠	休眠	休眠	休眠	休眠	休眠	休眠	休眠	休眠	龙如君	
2019年8月6日	休眠	休眠	休眠	休眠	休眠	休眠	休眠	休眠	休眠	休眠	龙如君	
2019年8月8日	休眠	休眠	休眠	休眠	休眠	休眠	休眠	休眠	休眠	休眠	龙如君	
2019年8月12日	休眠	休眠	休眠	休眠	休眠	休眠	休眠	休眠	休眠	休眠	龙如君	
2019年8月15日	休眠	休眠	萌动	休眠	休眠	休眠	萌动	休眠	休眠	休眠	龙如君	
2019年8月19日	萌动	萌动	萌动	萌动	萌动	萌动	萌动	萌动	萌动	萌动	龙如君	
2019年8月21日	萌动	萌动	萌动	萌动	萌动	萌动	萌动	萌动	萌动	萌动	龙如君	
2019年8月23日	萌动	萌动	萌动	萌动	萌动	萌动	鳞展	萌动	萌动	萌动	龙如君	
2019年8月25日	萌动	萌动	鳞展	鳞展	鳞展	鳞展	鳞展	萌动	鳞展	鳞展	龙如君	5-1 萌动
2019年8月27日	鳞展	鳞展	鳞展	鳞展	鳞展	鳞展	鱼叶展	鳞展	萌动	鳞展	龙如君	

备注：1. 物候期填萌动、鳞片展、鱼叶展、一芽一叶、一芽二叶、一芽三叶……驻芽。
2. 当长到一芽三叶时采摘一芽二叶后继续观测发芽轮次等项目。

第六页

茶叶物候期观测记录表

品种：CK1　　有性□ 无性☑

日期＼物候期＼编号	1-1	1-2	2-1	2-2	3-1	3-2	4-1	4-2	5-1	5-2	签名	备注
2019年8月29日	鳞展	鳞展	鳞展	鳞展	鱼叶展	鱼叶展	鱼叶展	鳞展	鳞展	鳞展	龙如君	
2019年8月31日	鱼叶展	鳞展	鳞展	鳞展	一芽一叶	一芽一叶	鱼叶展	鱼叶展	鳞展	鳞展 (circled)	龙如君	5-2 鱼叶展
2019年9月2日	鱼叶展	鳞展	鱼叶展	鱼叶展	一芽一叶	一芽一叶	一芽一叶	鱼叶展	鱼叶展	鱼叶展	龙如君	
2019年9月4日	鱼叶展	鱼叶展	鱼叶展	鱼叶展	一芽一叶	一芽一叶	一芽一叶	一芽一叶	鱼叶展	一芽一叶	龙如君	
2019年9月6日	一芽一叶	鱼叶展	鱼叶展	鱼叶展	一芽二叶	一芽一叶	一芽二叶	一芽一叶	鱼叶展	一芽一叶	龙如君	
2019年9月8日	一芽一叶	一芽一叶	一芽一叶	一芽一叶	一芽二叶	一芽二叶	一芽二叶	一芽一叶	一芽一叶	一芽一叶	龙如君	
2019年9月10日	一芽一叶	一芽一叶	一芽一叶	一芽一叶	一芽二叶	一芽二叶	一芽三叶	一芽二叶	一芽一叶	一芽一叶	龙如君	1-1 一芽一叶
2019年9月12日	一芽二叶	一芽二叶	一芽二叶	一芽二叶	一芽三叶	一芽三叶	休眠	一芽二叶	一芽二叶	一芽二叶	龙如君	
2019年9月14日	休眠	休眠	休眠	休眠	休眠	休眠	休眠	休眠	休眠	休眠	龙如君	
2019年9月16日	休眠	休眠	休眠	休眠	休眠	休眠	休眠	休眠	休眠	休眠	龙如君	
2019年9月18日	休眠	休眠	休眠	休眠	休眠	休眠	休眠	休眠	休眠	休眠	龙如君	
2019年9月20日	休眠	休眠	休眠	休眠	休眠	休眠	休眠	休眠	休眠	休眠	龙如君	
2019年9月22日	休眠	休眠	休眠	休眠	休眠	休眠	休眠	休眠	休眠	休眠	龙如君	

备注：1. 物候期填萌动、鳞片展、鱼叶展、一芽一叶、一芽二叶、一芽三叶……驻芽。
2. 当长到一芽三叶时采摘一芽二叶后继续观测发芽轮次等项目。

第 3 章　茶叶气候适宜性区划和低温冷冻灾害风险区划

南涧县境内，无量山和哀牢山层峦叠嶂，气候温暖湿润，具有茶树生长的优越条件。“南生嘉木，涧育香茗。无量山高，南涧茶好。”是南涧茶叶的真实写照，所生产出的茶叶品质在云南省位居前茅。目前，全县茶园面积 11 万亩，通过有机茶认证基地 1.11 万亩、通过绿色食品生产基地认证 2.5 万亩，茶林相依、和谐发展是南涧茶园的一大特色。茶业在南涧国民经济中占据着重要地位。2018 年南涧毛茶总产量 600 万 kg，比 2017 年 552.1 万 kg 增加 47.9 万 kg，增长 8.68%。2018 年实现茶叶总产值 9.45 亿元，比 2017 年 7 亿元增加 2.45 亿元，增长 35%。

南涧茶产业始于 1938—1939 年，至今已经有 80 多年的历史。哀牢山大叶种茶种植的气候优势和类型分区中南涧被列为不适宜种植大叶种茶叶的区域（王明 等，2001），考虑到当时使用的气象资料有限，这与南涧茶树种植现状不符合。随着气象监测站点的逐渐加密与气象资料种类的不断丰富，研究更新南涧的茶叶气候适应性区划势在必行。希望通过最新的资料来弄清楚气候背景条件下，南涧适宜种植茶树的区域，以期为南涧县茶叶种植布局优化和趋利避害、防灾减灾提供气象力量！

3.1　研究内容和技术路线

3.1.1　研究内容

通过对南涧 1981—2010 年的气象资料分析，包括气温、降水、积温、相对湿度、海拔高度等资料，建立南涧县的茶叶气候适应性区划指标和低温冷冻灾害风险指标，通过统计分析方法，建立气候要素统计模型。随着 GIS 技术的发展，陈春艳等应用 GIS 空间内插方法对宁洱茶园的气象因子进行模拟，在运用空间分析技术实现了茶园的适应性评价。结合 GIS 技术，对南涧县茶叶气候适宜性和低温冷冻灾害进行分析，最终得出南涧的茶叶气候适宜性区划和低温冷害灾害风险区划，为南涧的茶叶种植分布、茶叶气象服务和低温冷冻灾害服务提供参考。

3.1.2 技术路线

见图 3.1 和图 3.2。

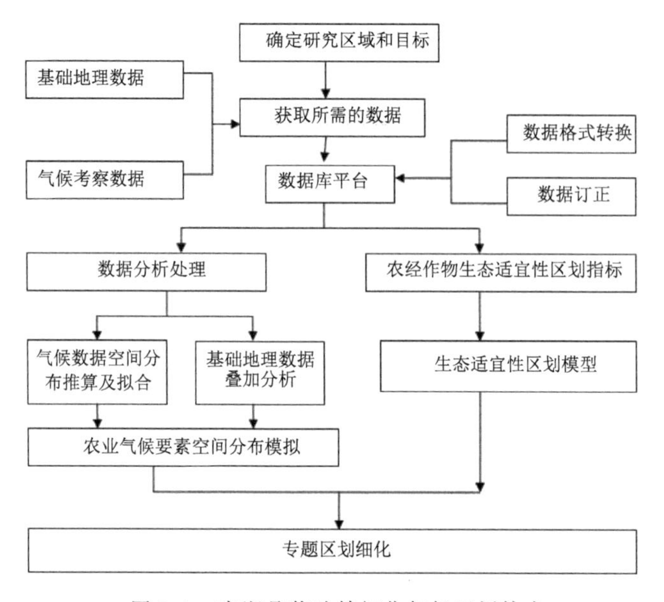

图 3.1 南涧县茶叶精细化气候区划技术

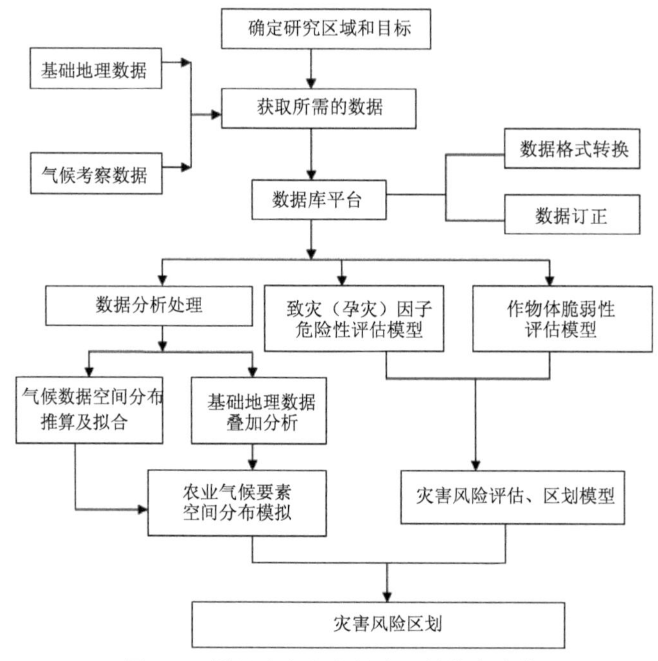

图 3.2 低温冻害灾害风险区划技术路线

3.2 研究方法

为弄清农业气候条件对南涧县茶树种植适宜性的影响，整理了全县28个乡镇区域站的气候数据，主要的气候要素为历年各月、年的平均气温、降雨量、≥10℃的积温及海拔高度等。先对各气候要素进行归一化处理，忽略单位的影响，将上述数据导入GIS系统，再进行插值处理。对海拔高度进行订正，建立各要素与海拔高度的回归方程，各回归方程都通过信度为0.05的显著性检验，将通过海拔高度订正后的各要素用反距离权重插值法进行水平订正。根据要素的分布和1∶250000地理数据，输出间隔1 km的各个点，从而得到全县范围内的格点数据，以此构成多维气候空间，并以各格点的气候要素构成空间的样本点集。

根据云南省茶树种植气候适宜性（何雨芩 等，2015）和全国茶树气候区划分析结果并综合考虑南涧的茶树种植区气候特点，列出南涧县的茶树种植适宜性区划指标。依据指标来制作南涧县的茶叶气候适宜性区划图，并结合本县社会经济条件和农业生产发展水平等因素对南涧县茶叶气候资源可持续发展能力进行综合性评价，最终提交南涧县茶树种植气候适宜性区划细化报告。

为了消除指标之间的量纲差异，要对每一个指标进行归一化处理：

$$x_i = \frac{x_i - x_{i,\min}}{x_{i,\max} - x_{i,\min}} \tag{3.1}$$

式中，$x_{i,\max}$和$x_{i,\min}$分别为某个指标的最大值和最小值。

3.3 区划使用资料

（1）基础地理数据：本研究所使用的地理数据为南涧县1∶250000基础地理信息数据和1∶250000 DEM数据。

（2）气象资料：收集1981—2018年包括南涧县国家一般站及南涧县辖区内所属的28个区域自动站完整、连续的地面气象资料，包括降水量、平均气温、极端最高气温、极端最低气温、相对湿度和各界限温度的积温等。

（3）农业生产资料：从南涧县农业局和南涧县茶叶科学技术研究所得到南涧县2016年茶叶的种植面积、产量，及南涧县茶叶种植现状分布图等资料。

3.4 基于GIS的南涧县区划指标要素细网格推算

3.4.1 气温推算

南涧县是典型的山区县，97%的国土面积都是山区，影响山地温度分布的因素较多，包括宏观的地理条件、海拔、下垫面性质以及大气状况等（王宇 等，1999）。局地条件下海拔和地形因素对气温的影响明显。南涧县全县的气温推算利用南涧全县1

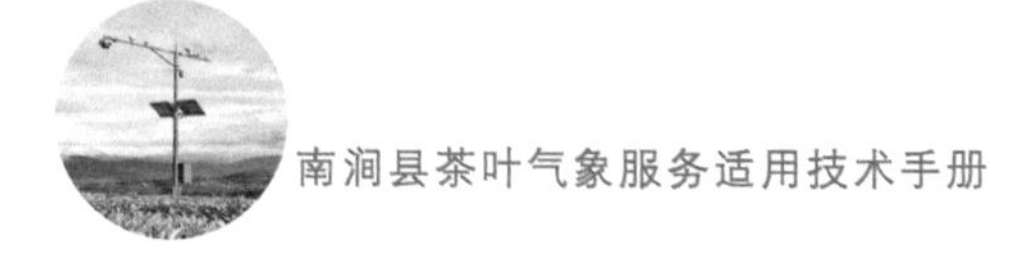

个一般站和8个乡镇2要素站的气温值进行订正，建立了月年平均气温与气象站经度、纬度和海拔高度的统计模式(李军 等，2005)，模型如下。

$$T = a + b\lambda + c\phi + dh \tag{3.2}$$

式中：T 为气象站的月平均气温，λ/φ 分别为格点的经度和纬度；h 为海拔高度(单位：m)，a，b，c，d 分别为回归系数。运用GIS中的栅格计算工具计算出南涧县的逐月气温分布空间分布，再逐月累加得出南涧县的年平均气温的空间分布(屠其璞 等，1978)，如图3.3所示。

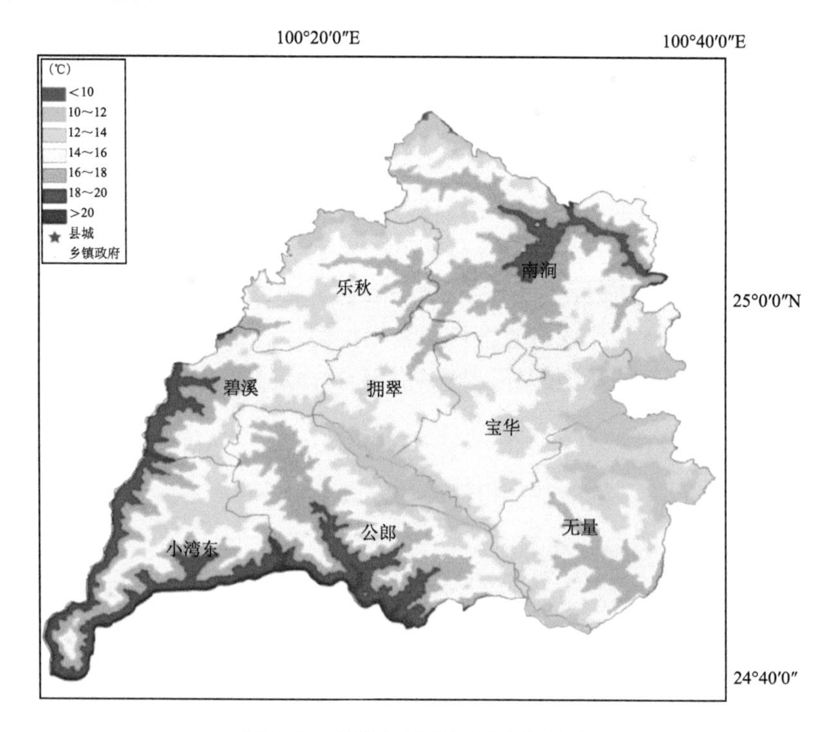

图3.3 南涧县年平均气温分布图

据图3.3，南涧年平均气温的分布特点是南北高，中间低。年平均气温高的地方主要分布在南涧镇盆坝区，小湾东镇和公郎镇澜沧江河谷地区。气温较低的地方主要分布在无量山和哀牢山高海拔区，包括无量山镇北部，公郎镇、拥翠乡和宝华镇的交界，以及南涧北端太极顶山附近。

茶树是亚热带常绿经济作物，喜温暖湿润气候。≥10℃的持续时间称为喜温作物的生长期。如图3.4所示，南涧≥10℃的积温年平均4000～6000℃·d的分布范围最广，适宜茶树生长的热量条件较好。

3.4.2 降水量推算

对降水进行空间插值计算：在一个半径上限固定但可自动伸缩的信息圆(移

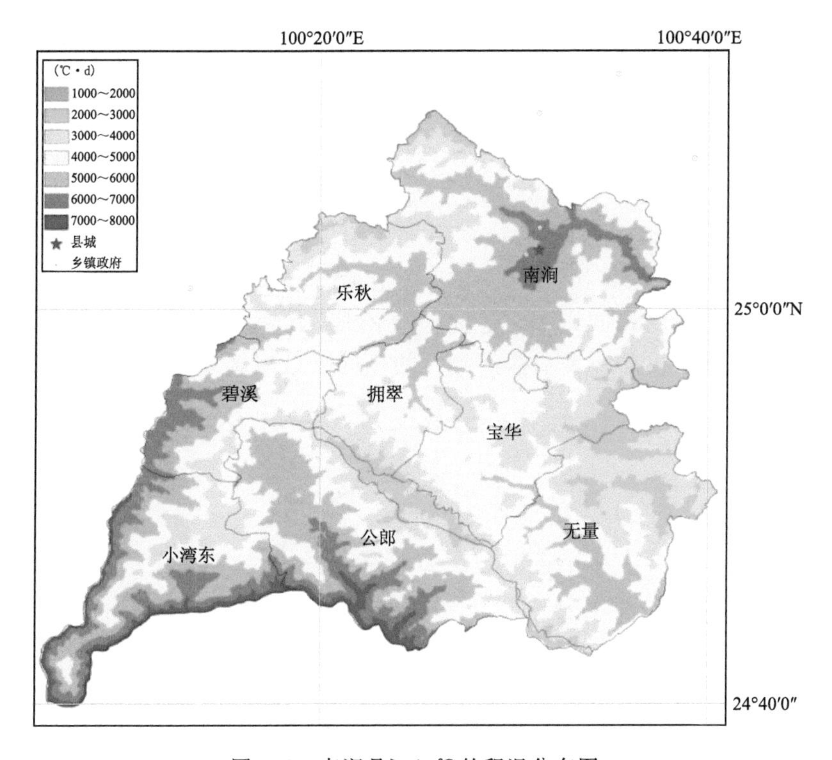

图 3.4　南涧县≥10℃的积温分布图

动信息窗)内，对于任一欲插值的网格点，选择与其距离最近、对它影响最大的 N 个的测站作为信息来源。对测点降水与海拔高程进行回归建模，并对距离权重方法进行改进，同时考虑测站方位的影响，对降水进行空间插值(封志明 等，2004)。

对于任一欲插值的网格点 J，搜索与其距离最近、影响最大的 N 个(一般取 15)测站作为信息来源，以海拔、经纬度、方位因子等作为环境参数。根据观测站点的海拔与降水量观测值采取线性回归方法，建立海拔与降水量之间的回归方程，同时引入距离、方位权重，依托地理信息系统技术(GIS)、移动开窗技术集成来实现并完成降水的空间插值(李新 等，2000)。

(一)权重函数

距离权重的计算：在信息圆搜索距离确定的情形下，测点与插值点间的距离对插值点估算值的影响，给出权重取值与距离的关系式：

$$D_i=\begin{cases}0 & d_i>R_p \\ \exp\left[-\left(\dfrac{d_i}{R_p}\right)^2\alpha\right]-e^{-\alpha} & d_i\leqslant R_p\end{cases} \tag{3.3}$$

式中，R_p 是相对于插值点 P 的搜索半径，α 是无量纲整形参数。R_p 的大小依赖于站点密度。为保证插值精度，足够的站点数目是必须的，因此可见，信息圆的半径是伸缩的，R_p 是一个变化的量，它随格点周围测站分布密度的不同而变化。本项目中的插值站点数目为15。

方位权重的计算考虑到南涧县地处低纬山区，大部分地区受季风影响。不同方位的插值站点对插值点的影响除距离因素外，其所处方位也将对插值结果产生影响(李新 等，2000)：测点 $P_i(i=1,2,3,4)$ 对于格点中心 P 分布如图3.5所示，四个点相对于点 P 的距离相等，但是 P_4 点相对于其余三点要独立得多。PP_4 虽然与 PP_1、PP_2 的距离相同，但是空间位置不同，其对点 P 的影响就有差异。因此，本项目引入方位权重来表示插值站点的不同方位对插值结果的影响(王宇 等，1990)。

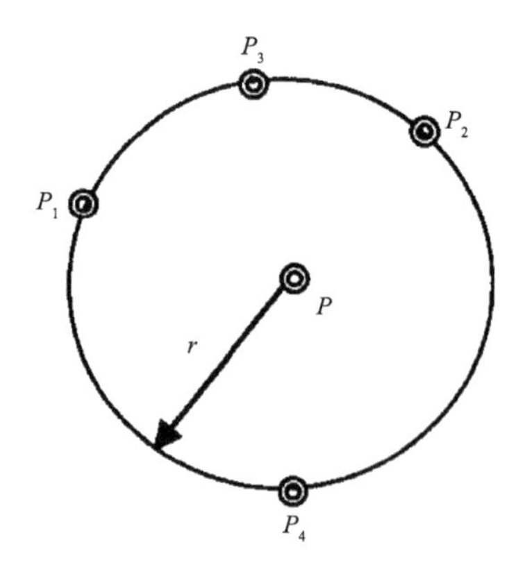

图3.5 不同方位的观测点公布对估值点的影响

引入 P_i 和 P 之间的夹角余弦作为空间布局的一种量度，通过投影进行测量，则不同站点相对于点 P 的方位对估值 P 的影响可以表示为：

$$a_i = \frac{\sum_{d_j \in C^*} D_j(1 - \cos(\angle P_j P P_i))}{\sum_{d_j \in C^*} D_j} \tag{3.4}$$

式中，C^* 表示选定的信息圆(搜索半径 r 包括的)范围，

$$\cos\angle P_j P P_i = \frac{(x-x_i)(x-x_j)+(y-y_i)(y-y_j)}{d_i d_j} \tag{3.5}$$

因为 $-1 \leqslant \cos\theta \leqslant 1$，所以 $0 \leqslant a_i \leqslant 2$。当 P_i 和其余测站大都在 P 的同一方向时，有 $(1-\cos\theta)$ 约等于0，说明此时测站对 P 点的估值的影响完全取决于距离，而与方向无关。当 P_i 在其他测点的相反方向上，则约等于2，说明此时方位的影响达到了最大。其余的分布特点就位于同一方向和相反方向之间。

综合考虑方位和距离的权重函数为：$W_i = D_i(1+a_i)$。在估计降水时，对参与估

值的测站的降水量与海拔高度作加权最小二乘回归分析。

（二）降水量估计

$$\left(\frac{p_1-p_2}{p_1+p_2}\right)=\beta_0+\beta_1(Z_1-Z_2) \tag{3.6}$$

p_1 和 p_2 为搜索半径内任意两点的观测值，Z_1，Z_2 为测点海拔；β_0，β_1 为回归方程系数。最终建立插值点的降水量（P_P）：

$$P_P=\frac{\sum_{i=1}^{n}W_i\left(P_i+\frac{1+f}{1-f}\right)}{\sum_{i=1}^{n}W_i} \tag{3.7}$$

式中，$f=\beta_0+\beta_1(Z_p-Z_i)$。要求 $|f|<1.0$，并规定当 $|f|>0.95$ 时，$|f|=0.95$。

降水量是影响茶树种植的重要气候条件，如图3.6所示，全县降水分布呈现北少南多的特点。降水较多的地方为无量山镇、公郎镇东部，以及乐秋乡，这些地方年降水量在1000 mm左右，特别夏季，无量山脉西侧处于西南暖湿气流的迎风坡，降雨充沛，空气湿度大，特别适宜茶树的生长发育。

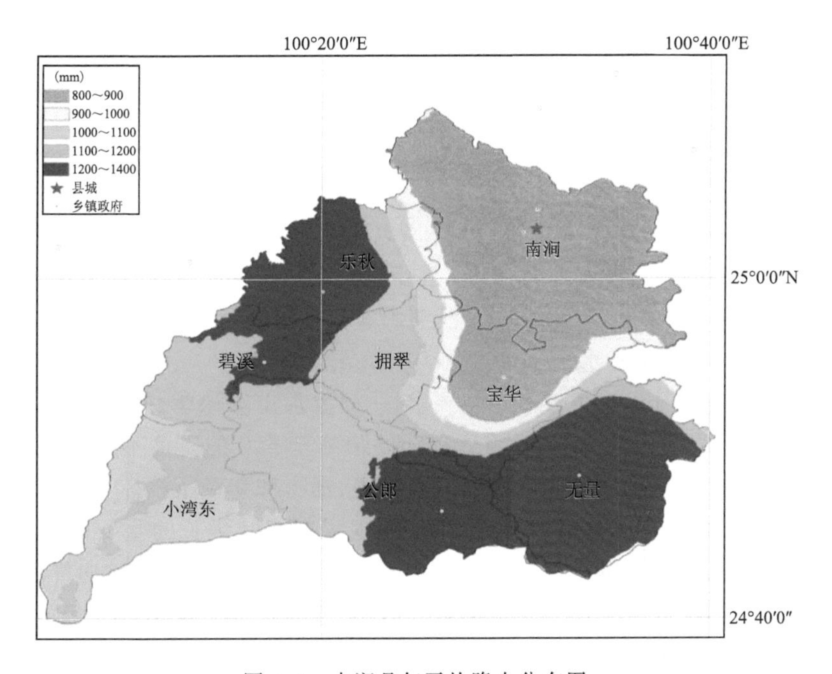

图3.6　南涧县年平均降水分布图

3.5 南涧县茶叶种植适应性和低温冷冻灾害风险区划指标

3.5.1 气候适宜性区划指标

海拔高度：南涧地势起伏较大，垂直方向气候差异明显，海拔最高处和最低处相差 13℃左右，全县优质茶叶主要分布在 1700～2300 m 的区域(周红杰 等，2010)。

气温：茶叶萌发的温度是日平均气温超过 10℃，当空气温度为 10～35℃时，茶树可正常生长，特别在 20～25℃时，茶树新梢生长最快(李倬 等，2015)。当温度大于 35℃，茶树将停止生长。有的学者认为，春季茶树经过休眠期后出现的萌动现象，是在积累了一定热量之后表现出来的。这种现象的发生，是由量变到质变的体现。所以茶芽开始萌动的气温，需要综合考虑 10℃以上的积温或日平均气温高于某一数值的持续天数(王镇恒 等，1978)。从我国茶树的地理分布来看，在水平条件得到保证的情况下，在一定积温范围内，生长期积温越高，生长期持续时间越长，鲜叶的采摘批次就越多，期产量也越高(王明，2001)。

云南大叶种茶对积温的要求较严，一般要求大于等于 10℃的年积温在 4000℃·d 左右。茶树对低温比较敏感，极端最低气温是决定茶树冻害的主要因子。大叶茶抗寒性弱，当极端最低气温低于 0℃时开始出现轻微冻害，低于－5℃就会严重受害甚至死亡(吴祝平 等，2014)。

降水：茶树所需的大部分水分来自土壤，通过根系吸收，土壤的水分状况又与自然降水密切相关；还有一部分来自大气(即空气中的含水量)。从临沧地区茶叶产量与降水量的关系研究得出：茶叶的产量与年降水量呈正相关，尤其是和大气的平均水汽压相关最显著，其相关系数为 0.8492。所以降水量在很大一定程度上决定了茶叶产量的高低和稳定程度。结合南涧县的茶叶物候观测结果来看，在茶树生长期中，平均每月需 80 mm 的降水量才能满足南涧高山茶树的生长所需，茶树适宜的年降水量下限为 800 mm，最适宜降水量为 900～1500 mm。

土壤条件：茶树对土壤条件有一定要求，一般要求土层深厚、排水良好，特别要求土壤呈酸性，pH 值在 4.5～5.5 最为适宜，pH 值高于 6.5 的土壤不能种植茶树。适合种茶的土壤主要有砖红壤、赤红壤、红壤、棕壤、褐土和紫色土等。

综合考虑南涧县茶叶种植的实际情况，发现限制茶叶生长的主要因子包括地理因素、气候生态条件及土壤条件。其中地理因素主要有海拔、坡度、坡向等因素；气候条件主要有气温、降水量及空气相对湿度等因素；土壤条件主要包括土壤 pH 值。现在选取海拔高度、土壤 pH 值、≥10℃活动积温、年平均气温、年降水量、年相对湿度等因子确定南涧的茶树种植气候适宜性区划指标。

南涧县确定茶叶适宜性区划指标的原则：充分考虑优质稳定高产云南大叶种茶叶的原产地气候特征。结合南涧县茶叶生产实际，突出南涧县茶叶生态适宜性气候特征。同时基于全县各地影响茶叶生长生产的主要气象要素的时空分布状况。并借鉴吸收国内外各研究机构在国内、省内及大理州进行的种植、试验、研究、成果等原则确立了南涧茶叶气候适宜性区划指标，如表3.1所示。

表3.1　南涧茶叶气候适宜性区划指标

	年平均气温（℃）	≥10℃活动积温（℃·d）	海拔高度（m）	年降水量（mm）	年相对湿度（%）	土壤pH值
最适宜区（高产优质）	12～17	4000～4500	1800～2000	900～1500	≥75	4.5～5.5
适宜区（高产中质）	10～12或17～19	3500～4000或4500～5000	1500～1800或2000～2200	800～900	70～75	5.5～6.0
次适宜区（高产低质）	19～22或9～10	3000～3500 5000～5500	1400～1500或2200～2400	700～800	65～70	6.0～6.5
不适宜区	<9或>23	<3000或>5500	<1400或>2600	<700	<65	>6.5

3.5.2　茶叶低温冻害风险区划指标

金志凤等在分析浙江省茶叶农业气象灾害风险中考虑综合风险为早春霜冻、夏季热害和冬季冷害3种农业气象灾害，通过风险评价因子权重分析，得出茶叶受灾最重最易发生的是早春冻害，其次是低温冻害，夏季热害发生最少、危害最轻（金志凤等，2011）。结合南涧实际，县茶园主要分布在1700～2300 m的中山地区，此地区最冷月平均气温为7～8℃，极端最低气温在零下4～5℃，低温冻害对茶叶的生长与产量影响较大，因此在研究茶叶的农业气象灾害风险区划时重点分析低温冻害对南涧县大叶种茶叶种植的影响。

李倬等根据我国茶树冻害的农业气候特征，选择了－15℃、－12℃、－10℃分别作为小叶种茶树严重、一般和轻微冻害的指标，将－5℃作为大叶种的严重冻害指标。赖比星等在分析广西云南大叶种茶树气候分析及区划中提出云南大叶种茶树对气候条件的需求，即大叶种茶树在极端最低气温低于0℃时，茶树轻微受害（赖比星 等，1994）。在－3℃的地方，一些优良品种（如勐库种）已不能种植。极端最低气温低于－5℃时，茶树严重受害，甚至死亡。根据金志凤等2011的研究启示，采用3—4月的日最低气温、冬季的日最低气温分别作为南涧县茶叶生长关键期及休止期的低温冷冻灾害风险区划指标（金志凤 等，2011），如表3.2所示。

表3.2　南涧县茶叶低温冻害标准

灾害种类	农业气象灾害指标	指标说明
关键期低温冻害	$T_{min3-4} \leqslant 4$℃	T_{min3-4}为3—4月的日最低气温
休眠期低温冻害	$T_{min11-1} \leqslant -5$℃	$T_{min11-1}$为冬季（上年11月至次年1月）的最低气温

依据南涧县的茶叶低温冷害指标将茶叶的低温冷害风险等级划分为低风险、中等风险及高风险 3 级，如表 3.3 所示。

表 3.3　南涧县茶叶低温冻害指标与风险等级的对应关系

风险等级	南涧低温冻害农业气象灾害	
	早春霜冻	冬季冻害
	关键期日最低气温	休眠期最低气温
低风险	$T_{min3-4} > 10℃$	$T_{min11-1} > 0℃$
中等风险	$4 \leqslant T_{min3-4} \leqslant 10℃$	$-5℃ < T_{min11-1} \leqslant 0℃$
高风险	$T_{min3-4} < 4℃$	$T_{min11-1} \leqslant -5℃$

3.6　南涧县茶叶种植气候适应性和低温冷冻灾害风险分区评述

3.6.1　茶叶种植气候适应性分区评述

从区划结果来看(图 3.7)，南涧在无量山镇、公郎镇、小湾东镇、碧溪乡、宝华镇、拥翠乡、南涧镇和乐秋乡 8 个乡镇 81 个村委会均有符合茶树适宜生长的条件存在。

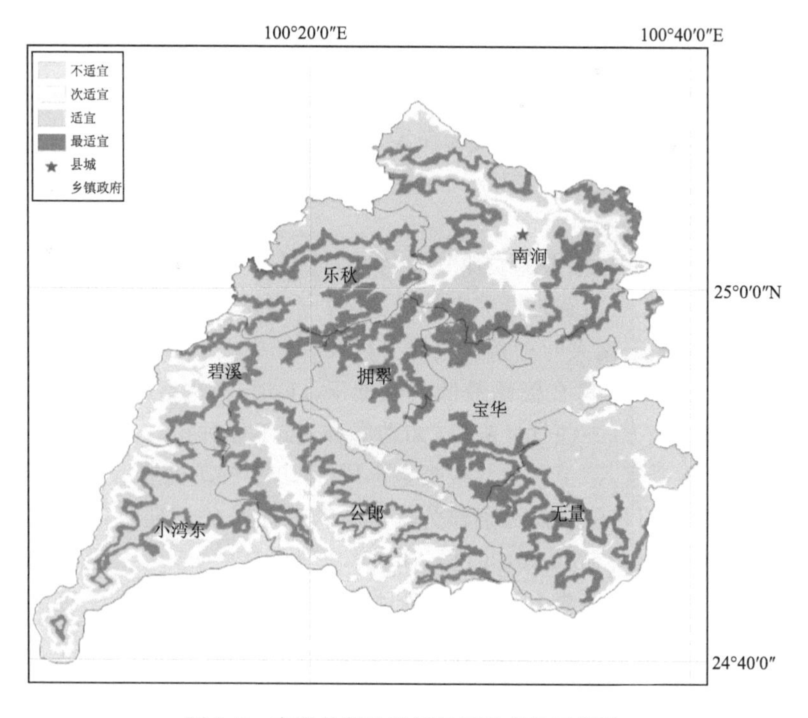

图 3.7　南涧县茶叶种植气候适应性区划图

为了方便识别南涧分区的茶树种植适宜性，以南涧县现有的1个一般站，4个6要素自动站和4个2要素乡镇站所测的年平均气温和降水量统计结果与给定的南涧茶叶气候适宜性区划指标相比较排出名次，结合南涧县茶叶产区分布状况的实地调查，规定名次总数和A：当3≤A<5时为最适宜区，当A=5时为适宜区，当5<A<10时为次适宜区，当10≤A时为不适宜区。如下表3.4所示。

表3.4　南涧县茶叶种植气候适应性分析表

要素 项目	海拔(m)	名次	气温(℃)	名次	年降水量(mm)	名次	名次总计	适宜区
南涧镇	1370	4	19.3	3	760.5	3	10	不适宜区
公郎镇	1778	2	17.8	1	933.9	1	4	最适宜区
无量山镇	1982	1	17	1	979.3	1	3	最适宜区
小湾东镇	1851	1	14.4	1	1011.9	1	3	最适宜区
拥翠乡	2115	2	15.7	1	744.5	3	6	次适宜区
碧溪乡	2025	2	15	1	899.6	2	5	适宜区
宝华镇	1990	1	15.8	1	770.7	3	5	适宜区
乐秋乡	2227	3	14.3	1	978.2	1	5	适宜区
樱花谷	2150	2	14.4	1	977.7	1	4	最适宜区

最适宜区：该区各项气候适宜性区划指标名次总数和A为3和4，主要分布在南涧县的公郎镇、无量山镇和小湾东镇，其中樱花谷站位于无量山镇。公郎镇茶区分布主要位于凤岭、龙平、新合、官地、沙乐和自强。无量山镇茶区主要分布于德安、新政、古德、光明和保平。小湾东镇茶区主要分布于营盘、龙街和新龙。

该区无量山贯穿全境，海拔高度大致在1800～2200 m不等，年平均气温在14～18℃，年极端最低气温为0.7～2.3℃，≥10℃的积温为4178℃·d，年降水量在900～1500 mm，年平均相对湿度78%，该区主要位于澜沧江流域附近和无量山脉，高大的无量山脉使得该茶区形成“长夏无冬，秋去春来”的特殊气候，夏季，山脉西侧处于西南暖湿气流的迎风侧，雨量充沛，空气湿度大，土壤微酸，有机质含量丰富，自然条件优越。整体而言，该区产出的茶叶叶底嫩匀明亮，汤色橙黄明亮，香气浓郁，滋味憨厚回甘。无量山镇、公郎镇和小湾东镇拥有的茶园面积在全县8个乡镇中是唯一的3个万亩以上茶区，截至2019年，全县共有茶园达11万亩，该区3个乡镇合计茶园面积为7.64万亩，占全县茶园总面积的70%。该区3个乡镇2016年茶叶总产量348.98万kg，占全县茶叶总产量的70%，因此为茶树生长最适宜区。

适宜区：该区各项气候适宜性区划指标名次总数和A为5，主要分布在南涧县的碧溪乡、乐秋乡和宝华镇。碧溪乡茶区主要分布于凤仙、松林、回龙山和凤凰山茶场。宝华镇茶区主要分布于拥政、白竹和无量村委会。乐秋乡茶区主要分布于麻栗和上虎村委会。该区海拔高度大致在1900～2300 m不等，年平均气温在14～16℃，年极端最低气温为−3.3～1.1℃，年降水量在700～1000 mm，年平均相对湿度72%。该区整体热量条件较好，受到黑惠江和乐秋河水系的影响，降水条件较好。但由于海拔较高，山地多，土壤蓄水能力较差，多为砂质土。整体而言适宜茶叶的生长发育。该区3个乡镇2016年茶叶总产量115万kg，占全县茶叶总产量的23%，因此为茶树生长适宜区。

次适宜区：该区各项气候适宜性区划指标名次总数和A为6，主要分布在南涧县的拥翠乡。拥翠乡主要的茶区分布于龙凤、安立、拥翠和胜利村委会。该区海拔高度大致在2000～2200 m不等，年平均气温15.7℃，年极端最低气温为0.6℃，年降水量在744.5 mm，年相对湿度在65%～70%。该区热量条件较好，适宜茶树生长所需要的温度条件。但是该区降水量不及适宜区，大部分地区为旱区，气候干燥，不利于茶树的生长发育，茶叶产量低，2016年拥翠乡茶叶总产量31万kg，占全县茶叶总产量的6%，因此为茶树生长次适宜区。

不适宜区：该区各项气候适宜性区划指标名次总数和A为10，主要分布在南涧县的南涧镇。南涧镇茶叶区分布范围较少，该区海拔高度大致在1370 m左右，年平均气温19.3℃，年极端最低气温为−1.2℃，≥10℃的积温为6998.9℃·d，年降水量在760.5 mm，年相对湿度在63%。该区热量条件充足，海拔高度较低，降水条件差，气候干燥，大部分地区为旱区，尤其冬、春干旱，土壤属于碱性，不适宜茶树的生长发育。还有一些不适宜种植区分布在海拔2600 m以上的山区，这些地区年平均气温低，≥10℃的积温小，冬季气温偏低，容易发生茶树冻害，也无法满足茶树生长需求，因此不适宜种植茶树。

3.6.2 茶叶低温冷冻灾害风险分区评述

高风险区：综合考虑茶叶早春和冬季的低温冷冻风险来做出图3.8：南涧县的茶叶低温冷冻灾害风险区划图，从图中可以看出南涧茶叶低温冷冻高风险区主要分布于南涧镇西北部与巍山县和弥渡县相交的地带，宝华镇东北方美星村委会和无量山镇的红星村委会，公郎镇、拥翠乡和宝华镇相交的青龙山一带，小湾东镇和公郎镇接壤的地区。这些地区海拔较高，在2400 m以上，以山区为主，不适宜人居住，种植茶树较少，早春和冬季气温较低，加上冬季到早春时期，云南冷空气活跃频繁，因此茶树遭受低温冷害风险的几率较大，为高风险区。

次高风险区：主要集中在围绕高风险区所在地周边，受海拔高度影响较大。

中风险区：主要集中南涧镇盆坝周边，乐秋乡东部、南部与拥翠相交的地区，无量山脉半山腰的拥翠乡、宝华镇和无量山镇等地带，小湾东镇澜沧江河谷地带往上海拔增加800～1000 m的地带，公郎镇槽子周边往上海拔增加800 m左右的地区。这些地区除去不适宜种植茶树的区域，最适宜种植茶树和适宜种植茶树的地区与中风险区面积几乎重合，说明南涧的茶叶种植区域遭受低温冷害的风险为中等。中风险区

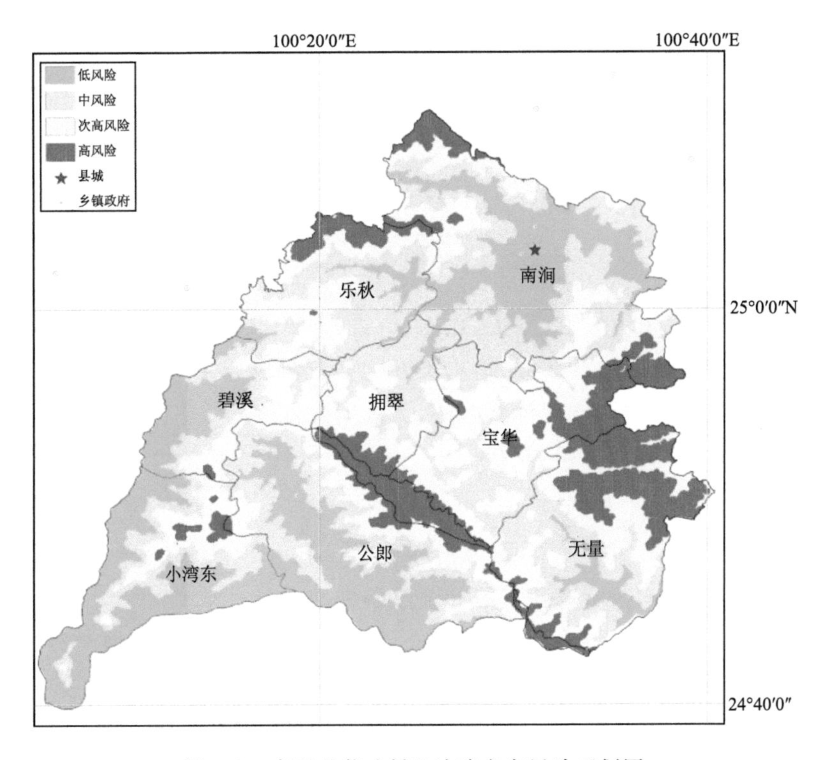

图 3.8　南涧县茶叶低温冷冻灾害风险区划图

所在为南涧茶区面积分布最广和茶叶产量最大的区域，年平均受灾天数较短，致灾因子危险性不高等，导致上述地区为茶叶气温冷冻灾害中等风险区。

低风险：主要集中在南涧镇盆坝的大步地区、碧溪乡西部漾濞江地带、小湾东镇与外县相交的澜沧江河谷地区以及公郎镇槽子地区，这些区域海拔低于 1400 m，多为河谷盆坝地区，年平均气温高于 19℃，茶树种植面积较少，年均茶叶采摘面积和产量较小。该区域主要汇集有河流，因此冬季发生低温冷害几率较少。早春回温快，因此茶树遭受低温冷冻风险的几率较小，为低风险区。

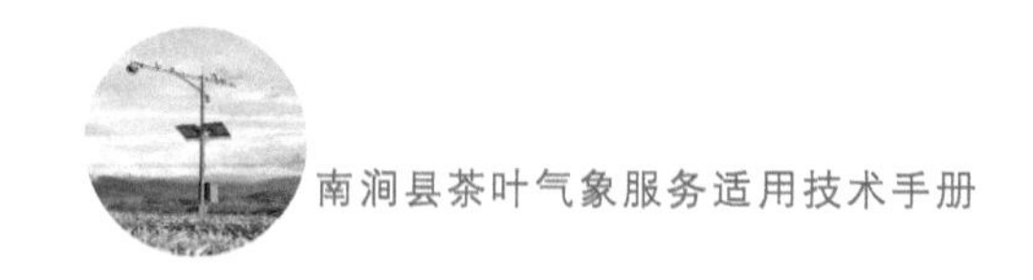

第4章　茶叶气象灾害监测预警评估技术指标

南涧主要茶叶气象灾害有:寒潮、霜冻、冻害、干旱、阴雨寡照、冰雹等。通过气象条件对茶叶产量、质量影响的研究,得出茶叶主要气象灾害服务指标,本指标规定了茶叶气象灾害定义,明确了指标计算方法、等级划分方法等。本指标适用于茶叶气象灾害的调查、统计、预警、评估和发布。

4.1　干旱

干旱是制约和影响茶叶产业发展的气象条件之一。

干旱类型分:气象干旱、农业干旱、水文干旱和社会经济干旱4种类型。

干旱等级(五级)分:无旱、轻旱、中旱、重旱、特旱。

干旱状态(五类)分:发生、持续、发展、缓和、解除。

(1)气象干旱也称大气干旱:是指某时段由于蒸发量和降水量的收支不平衡,水分支出大于收入而造成的水分短缺现象。由于降水是主要的收入项,因此,通常以降水的短缺程度作为干旱指标。如连续无雨日数、降水量低于某一数值的日数、降水量距平%、降水量与可能蒸发量之比或差等。

(2)农业干旱:是指作物生长过程中因水分不足而阻碍作物正常生长,进而发生的水量供需不平衡现象。可分为土壤干旱和作物干旱。常用指标有土壤相对湿度、土壤含水量、农田干湿指数和综合性旱情指数。

土壤干旱:由降水和地表水或地下水收支不平衡造成异常水分短缺现象,当土壤水分降低到一定程度时作物会出现旱象。常用土壤相对湿度、土壤含水率、土壤干土层作为干旱指标。

(3)水文干旱:是指由降水量和地表水或地下水收支不平衡造成的异常水分短缺现象。利用年(月)径流量、河流日流量、水位等要素作为指标。常用有水文干湿指数、最大供需比指数、水资源总量短缺指数等作指标。

(4)社会经济干旱:是指自然系统与人类经济系统中,水资源供需不平衡而造成的水资源短缺现象。通常拟用损失系数法、水分供需平衡模式等来作指标。

针对气象干旱、土壤干旱、农田干旱、作物形态气象研究分析,结合多年气象干旱监测实践,总结得出以下干旱监测评估技术指标。

4.1.1　气象干旱指标

1. 降水距平百分率干旱监测预警评估技术指标

以降水量距平百分率(P_a)划分气象干旱等级，即某时段降水量距平与多年同期降水量相比的百分率。计算公式：

$$P_a=(P-\bar{P})/\bar{P}\times100\% \tag{4.1}$$

式中，P_a 为降水量距平百分率；P 为某时段降水量，$\bar{P}$ 为多年平均同期降水量，计算期内的多年平均降水量采用近 30 a 的平均值。评定指标见表 4.1。

表 4.1　降水量距平百分率(P_a)气象干旱等级技术指标

等级 / 时段 / 项目	冬季干旱 12 月至次年 2 月	春旱秋旱 3—5 月 9—11 月	夏旱 6—8 月 (月尺度)	季尺度干旱 3—11 月	生长季干旱 (年尺度)
	连续 3 个月	连续 2 个月	某 1 个月	连续 3 月	小春(12 月至次年 5 月) 大春(4—9 月)
无旱	$-35<P_a$	$-50<P_a$	$-40<P_a$	$-25<P_a$	$-15<P_a$
轻旱	$-25>P_a\geqslant-35$	$-30>P_a\geqslant-50$	$-60<P_a\leqslant-40$	$-50<P_a\leqslant-25$	$-30<P_a\leqslant-15$
中旱	$-35>P_a\geqslant-45$	$-50>P_a\geqslant-65$	$-80<P_a\leqslant-60$	$-70<P_a\leqslant-50$	$-40<P_a\leqslant-30$
重旱	$-45>P_a\geqslant-55$	$-65>P_a\geqslant-75$	$-95<P_a\leqslant-80$	$-80<P_a\leqslant-70$	$45<P_a\leqslant-40$
特旱	$P_a<-55$	$P_a<-75$	$P_a\leqslant-95$	$P_a\leqslant-80$	$P_a\leqslant-45$

注：时段根据不同季节选择适当的计算期长度，冬季宜采用连续 3 个月；春、秋季宜采用连续 2 个月；夏季宜采用 1 个月；年度采用连续 12 个月；生长季作物主要生育期小春 12 月至次年 5 月；大春 4—9 月。

2. 连续无雨日数干旱监测评定技术指标

连续无雨日数法适用于尚未建立墒情监测点旱地主要作物需水关键期的阶段性干旱评估。评定指标如下表 4.2。某时段内，如出现连续 7 d 以上最高气温>30℃，则提高一级标准评定。

表 4.2　连续无雨气象干旱等级技术指标　　单位：d

等级 / 评估时段	轻度干旱	中度干旱	严重干旱	特重干旱
冬季(12 月至次年 2 月)	15～25	26～45	46～70	>70
春季(3—5 月) 秋季(9—11 月)	10～15	16～25	26～40	>40
夏季(6—8 月)	5～9	10～15	16～30	>30

4.1.2 农业干旱指标

(一)土壤相对湿度评定农业干旱等级

土壤相对湿度(W_t)计算公式:

$$W_t = \theta / F_c \times 100\% \tag{4.2}$$

式中,W_t 为土壤相对湿度,单位为百分率(%);θ 为土壤平均含水量;F_c 为土壤平均田间持水量。评定指标见表 4.2。

表 4.3 土壤干旱等级技术指标

项目 \ 等级		土壤 10 cm 11 月至次年 5 月	土壤 20 cm 6—10 月	作物地段土壤干旱对农作物影响程度
1	无旱	$W_t>55\%$	$W_t>60\%$	地表湿润,无旱象
2	轻旱	$45\%\leqslant W_t<55\%$	$50\%\leqslant W_t<60\%$	地表蒸发量较小,近地表空气干燥
3	中旱	$35\%\leqslant W_t<45\%$	$40\%\leqslant W_t<50\%$	地表植物叶片白天有萎蔫现象
4	重旱	$20\%\leqslant W_t<35\%$	$30\%\leqslant W_t<40\%$	地表植物萎蔫、叶片干枯,果实脱落
5	特旱	$W_t\leqslant 20\%$	$W_t\leqslant 30\%$	地表植物干枯、死亡

2.农田干旱指数监测预警评定农业干旱指标

农田干旱是指作物某一生育阶段内,其根系从土壤中吸收到的水分不能满足其生理需要,导致作物生长发育受到影响甚至部分死亡并最终导致减产和品质降低的现象。

农田干湿指数:指某时段的降水量与某时段内作物需水量之比值。

计算公式:

$$K_n = R / RX \tag{4.3}$$

式中,K_n 为农田干旱指数;R 为某时段的降水量;RX 为某时段的作物需水量。评定指标见表 4.4。

表 4.4 农田干湿指数干旱等级技术指标

类型 \ 等级		K_n	对农作物影响程度
1	无旱	$K_n\geqslant 0.6$	地表湿润,无旱象
2	轻旱	$K_n\geqslant 0.4\sim 0.5$	地表湿润,无旱象
3	中旱	$K_n=0.2\sim 0.3$	土壤表面干燥,地表植物叶片白天有萎蔫现象
4	重旱	$K_n=0.1$	土壤出现较厚的干土层,地表植物萎蔫、叶片干枯,果实脱落
5	特旱	$K_n=0.0$	基本无土壤蒸发,地表植物干枯、死亡

3. 农田(土壤)干旱监测预警评估技术指标(表 4.5)

表 4.5　基于农田与作物干旱形态指标的等级

等级＼类型		农田及作物形态				
		农田(土壤)状况		旱地作物播种出苗状况	水稻移栽成活状况	作物状态
		旱地干土层厚度	水田			
0	无旱	无	可适时整地,稻田有适当的水层	可按季节适时播种,出苗率≥80%	秧苗栽插顺利秧苗成活率大于 90%	叶片自然伸展,生长正常
1	轻旱	<3 cm	不能适时整地,水稻不能及时按需供水	出苗率为 60%～80%	栽插用水不足,秧苗成活率 80%～90%	叶片上部卷起
2	中旱	3～6 cm	水稻田断水,开始出现干裂	播种困难,出苗率为 40%～60%	不能插秧;秧苗成活率 60%～80%	叶片白天凋萎
3	重旱	7～12 cm	水稻田干裂明显	无法播种或出苗率为 30%～40%	不能插秧;秧苗成活率 50%～60%	有死苗、叶片枯萎、果实脱落现象
4	特旱	>12 cm	水稻田开裂严重	无法播种或出苗率低于 30%	不能插秧;秧苗成活率小于 50%	植株干枯死亡

注:本指标引用 GB/T 32136—2015,农业干旱等级。

4.2　洪涝

洪涝是指由于降水过多,导致土壤过度浸泡或地面受淹而造成的一种自然灾害;涝灾指由于降雨积水和地面受淹的直接灾害。

汛期 6—10 月,某月降水量距平百分率(P_a)≥50%,为该月洪涝。其等级指标见表 4.6。

表 4.6　降水量距平百分率洪涝等级技术指标

级别	轻度	中等	重度
6—10 月期间 某月降水量距平百分率(P_a)	$50\%<P_a\leqslant100\%$	$100\%<P_a\leqslant150\%$	$P_a>150\%$

4.3　渍害

渍害是由于降水过多,导致地面排水和土壤透水能力不强,使土壤过度浸泡而导致植物的损害、死亡和严重减产的一种灾害。其等级指标和评定指标见表 4.7 和表 4.8。

表 4.7　日雨量和连续 5 日累计降雨量渍涝等级技术指标

级别	轻度	中等	重度
日降水量 R(mm)	$38<R\leqslant 50$	$50<R\leqslant 100$	$R>100$
5 d 降水量 R_5(mm)	$50<R_5\leqslant 100$	$100<R_5\leqslant 200$	$R_5>200$

在表 4.7 分级标准中，指标不一致时，以较高一个等级作为评价标准。

表 4.8　渍害监测评定技术指标

级别	轻度	中等	重度
20 cm 土壤相对湿度	2～3 d,96%～100%	4～6 d,96%～100%	7 d 以上>100%

4.4　低温冷害

低温冷害是南涧一般山区以上茶叶生产中的主要气象灾害之一，茶芽对低温反映极为敏感，低温对茶叶生长发育和产量、质量影响较大。

通常日平均气温在 15～30℃的范围内，适宜于茶树的生长。当春季气温回升到 10℃左右时，茶树越冬芽即可萌动。据有关试验研究表明，低温对茶叶的品质在各采摘期都会造成一定的危害。茶树受冻害的气象等级指标见表 4.9。

表 4.9　茶树冻害气象等级技术指标

项目 冻害等级	日最低气温	对茶树影响
一级冻害	−8.0～−5.0℃	茶树树冠枝梢或叶片尖端、边缘受冻后茶呈黄褐色或红色，略有损伤，受害植株占 20%以下。
二级冻害	−10.0～−8.0℃	茶树树冠枝梢大部分遭受冻害，成叶受害变成赭色，顶芽和上部腋芽变成暗褐色，受害植株 20%～50%。
三级冻害	−12.0～−10.0℃	茶树秋梢受冻变色，出现干枯现象，部分叶片呈水渍状，枯绿无泽；天气放晴后，叶片卷缩干枯，相继脱落，上部枝梢逐步向下枯死，受害植株 51%～75%。
四级冻害	−15.0～−12.0℃	茶树当年新梢全部受冻，失水干枯，生产枝基部受冻，受害指标 76%～90%。
五级冻害	≤−15.0℃	茶树骨干枝冻裂，形成层遭受破坏，树液外流，叶片全部受冻脱落，根系变黑、裂皮、腐烂，受害植株 90%以上。

4.5　阴雨寡照

茶叶阴雨寡照指标使用阴雨期间平均日降雨量、阴雨期间逐日日照时数、阴雨期间平均日照时数和持续阴雨日数，单位分别为毫米(mm)、小时(h)和天(d)。

阴雨寡照天气判定前提为阴雨期间平均日降水量≥4 mm，平均日照时数≤3 h，逐日日照时数≤5 h，持续阴雨日数≥3 d。按照持续阴雨日数(R_d)将阴雨寡照灾害分为轻、中、重三级，如下表。

表 4.10　茶叶阴雨寡照灾监测预报评估技术指标

等级	持续阴雨日数(R_d)	茶叶受害特征
轻	$3 \leqslant R_d \leqslant 6$	茶叶新梢生长缓慢
中	$7 \leqslant R_d \leqslant 14$	茶芽长势纤弱，叶片细而薄
重	$R_d > 14$	茶叶芽尖变黄甚至死亡

注：阴雨寡照天气过程中允许出现无降水或微量降水日，但该日日照时数应≤5 h。

4.6　冰雹(表 4.11)

表 4.11　茶叶冰雹灾监测预报评估技术指标

雹灾分级	分级标准
Ⅰ级：轻度	(1)冰雹直径<5 mm 或持续时间<3 min；
Ⅱ级：中度	(1)5 mm≤冰雹直径≤10 mm 或 3 min≤持续时间≤10 min；
Ⅲ级：重度	(1)冰雹直径>10 mm 或持续时间>10 min。

第5章　茶叶气象服务

5.1　茶叶气象服务业务流程及方案

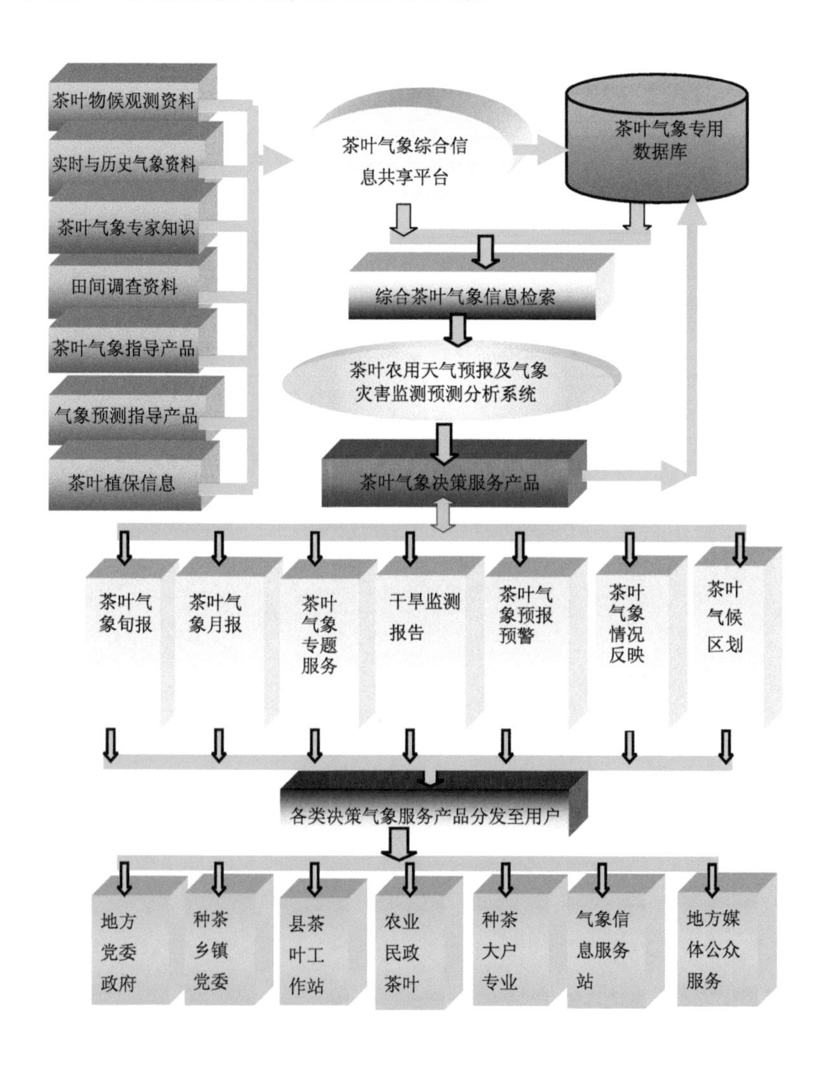

5.2 南涧县茶叶气象服务周年方案

<table>
<tr><td>月份</td><td colspan="3">1月</td><td colspan="3">2月</td><td colspan="3">3月</td><td colspan="3">4月</td><td colspan="3">5月</td><td colspan="3">6月</td><td colspan="3">7月</td><td colspan="3">8月</td><td colspan="3">9月</td><td colspan="3">10月</td><td colspan="3">11月</td><td colspan="3">12月</td></tr>
<tr><td>旬次</td><td>上</td><td>中</td><td>下</td><td>上</td><td>中</td><td>下</td><td>上</td><td>中</td><td>下</td><td>上</td><td>中</td><td>下</td><td>上</td><td>中</td><td>下</td><td>上</td><td>中</td><td>下</td><td>上</td><td>中</td><td>下</td><td>上</td><td>中</td><td>下</td><td>上</td><td>中</td><td>下</td><td>上</td><td>中</td><td>下</td><td>上</td><td>中</td><td>下</td><td>上</td><td>中</td><td>下</td></tr>
<tr><td>节令</td><td>小寒</td><td></td><td>大寒</td><td>立春</td><td></td><td>雨水</td><td>惊蛰</td><td></td><td>春分</td><td>清明</td><td></td><td>谷雨</td><td>立夏</td><td></td><td>小满</td><td>芒种</td><td></td><td>夏至</td><td>小暑</td><td></td><td>大暑</td><td>立秋</td><td></td><td>处暑</td><td>白露</td><td></td><td>秋分</td><td>寒露</td><td></td><td>霜降</td><td>立冬</td><td></td><td>小雪</td><td>大雪</td><td></td><td>冬至</td></tr>
<tr><td rowspan="3">茶叶生育期</td><td colspan="4" rowspan="3">茶树休眠期</td><td colspan="3" rowspan="3">茶芽萌动期</td><td rowspan="3">萌发期</td><td>明前茶</td><td colspan="2">雨前茶</td><td colspan="2">春尾茶</td><td colspan="5"></td><td colspan="3">暑茶</td><td></td><td colspan="3">早秋茶</td><td colspan="2"></td><td colspan="3">晚秋茶</td><td colspan="6">停采期/茶树休眠期</td></tr>
<tr><td colspan="5">一真叶～三真叶期</td><td colspan="9">第二轮茶芽萌发采摘期</td><td colspan="8">第三轮茶芽萌发采摘期</td><td colspan="6"></td></tr>
<tr><td colspan="5">春茶采摘期</td><td colspan="9">夏茶采摘期</td><td colspan="8">秋茶采茶期</td><td colspan="6"></td></tr>
<tr><td>茶叶气象灾害</td><td colspan="4">阴雨、低温</td><td colspan="4">低温、冷害</td><td colspan="5">低温害、冰雹、干旱、阴雨、倒春寒</td><td colspan="9">冰雹、大风、强降水、洪涝灾</td><td colspan="8">强降水、洪涝灾、冰雹、大风、秋季连阴雨</td><td colspan="6">干旱、低温霜冻、阴雨</td></tr>
<tr><td>主要农事活动</td><td colspan="4">茶树修剪、整形、培土、补充基肥、封园、防治病虫害</td><td colspan="4">春茶前中耕、催芽肥、茶树轻修剪</td><td colspan="5">春茶开采、春茶采摘</td><td colspan="9">春茶后浅锄、追肥。夏茶开采。夏茶采摘、防治病虫害</td><td colspan="8">夏茶后浅锄、秋茶开采。秋茶采摘、防治病虫害虫</td><td colspan="6">秋茶后深耕、茶树修剪、整形、培土、追基肥、封园、防治病虫害</td></tr>
<tr><td>有利气象条件</td><td colspan="4">平均气温处于 0～10℃，茶芽停止萌发，处于越冬休眠期。茶树生长最为适宜的土壤相对持水量为 75%～90%，在茶树休眠期，保持茶园土壤相对湿度在 80%左右，是保证茶叶萌发增产的重要技术措施。</td><td colspan="4">(1)适宜日平均气温≥10.0℃，旬平均气温连续 5 天大于等于 8℃，茶芽即开始萌动。
(2)生长期月降雨量>20 mm；空气湿度 60%～70%为适宜，10cm 土壤相对湿度为 50%～60%。
(3)从茶芽萌动到新梢成熟开采，所需>10℃的活动积温 250～350℃·d。</td><td colspan="5">(1)适宜日平均气温 13～50℃，≥10℃有效积温约 230～300℃·d。
(2)旬平均日照 40～60 h。
(3)旬平均降水量 10～20 mm。
(4)无暴雨洪涝、无阴雨；低温阴雨、干旱、大风、冰雹等。
(5)土壤相对湿度 40%～55%。</td><td colspan="9">(1)平均气温 17～26℃，旬平均≥10℃有效积温约 70～100℃·d。
(2)旬平均降雨量约 20～30 mm。
(3)旬平均日照≥40～60 h。
(4)无暴雨洪涝、干旱、冰雹、持续低温阴雨、大风等。
(5)10 cm 土壤相对湿度 55%～70%。</td><td colspan="8">(1)适宜温度 13.0～20.0℃，旬平均≥10℃有效积温约 50～70℃。
(2)旬平均降水量 10～20 mm。
(3)旬平均日照时数 40～60 h。
(4)无暴雨、低温、阴雨、暴晴暴热、冰雹、在风天气。
(5)10 cm 土壤相对湿度 75%～90%。</td><td colspan="6">平均气温处于 0～10℃，茶芽停止萌发，处于越冬休眠期。茶树生长最为适宜的土壤相对湿度为 75%～90%，在茶树休眠期，保持茶园土壤相对湿度在 80%左右，是保证茶叶萌发增产的重要技术措施。</td></tr>
<tr><td>不利气象条件</td><td colspan="4">(1)南涧大叶种茶抗寒性弱，当极端最低气温低于 0℃时开始出现轻微冻害，超过−5℃就会严重受害甚至死亡。土壤相对湿度≤40%茶树生育受阻，大于 90%时茶树根系发育不良，这是由于土壤含水量过多，造成根系缺氧所致。</td><td colspan="4">(1)日平均气温<10℃，倒春寒天气。
(2)严重的春旱，干旱，日平均气温在 10℃以下，生长最缓，超过 30℃，则嫩梢的生长将受到抑制。土壤相对湿度≤40%茶树生育受阻；大于 90%时茶树根系发育不良，这是由于土壤含水量</td><td colspan="5">(1)日平均气温<13.0℃或日最高气温≥30.0℃茶树嫩梢的生长将受到抑制。
(2)初春干旱严重，易造成茶树芽叶枯萎、脱落，甚至整株茶树逐渐干枯死亡。
(3)阴雨寡照雨水多，影响光合作用干物质积累。</td><td colspan="9">(1)低温阴雨寡照，日平均气温≤17℃。
(2)每日平均日照时数≤2 h。
(3)某日最高气温≥35.0℃或日最高气温≥30℃连续 3 天以上。
(4)土壤相对湿度低于 50%。
(5)暴雨洪涝、冰雹、大风、强降水后暴晴暴热。</td><td colspan="8">(1)低温阴雨寡照天气，10 月日平均气温连续 3 d 以上低于 13.0℃，8—9 月连续 3 d 低于 19.0℃。最低气温降至 10.0℃以下，出现秋季杀伤型低温。茶叶新梢内部细胞组织遭受低温损害，严重降低茶叶品质。
(2)持续干旱，土壤相对湿度≤40%，茶叶减产、品质差。
(3)降水偏多至特多，土壤相对湿度大于 90%，茶树根系发育不良。
(4)每日平均日照≤3 h，影响茶叶品质。
(5)日最高气温≥35.0℃或日最高气温≥30℃连续 3 d 以上，易出现高温灼伤茶芽。</td><td colspan="6">(1)南涧大叶种茶抗寒性弱，当极端最低气温低于 0℃时开始出现轻微冻害，超过−5℃就会严重受害甚至死亡。土壤相对湿度≤40%茶树生育受阻；大于 90%时茶树根系发育不良，这是由于土壤含水量过多，造成根系缺氧所致。
(2)霜冻、“倒春寒”，冻坏茶树，影响茶树萌发。
(3)持续阴雨天气、光照少，茶树光合作用少，能量积聚不足，生长缓慢。
(4)大风、冰雹、干旱等。</td></tr>
</table>

续表

<table>
<tr><td>月份</td><td colspan="3">1月</td><td colspan="3">2月</td><td colspan="3">3月</td><td colspan="3">4月</td><td colspan="3">5月</td><td colspan="3">6月</td><td colspan="3">7月</td><td colspan="3">8月</td><td colspan="3">9月</td><td colspan="3">10月</td><td colspan="3">11月</td><td colspan="3">12月</td></tr>
<tr><td>旬次</td><td>上</td><td>中</td><td>下</td><td>上</td><td>中</td><td>下</td><td>上</td><td>中</td><td>下</td><td>上</td><td>中</td><td>下</td><td>上</td><td>中</td><td>下</td><td>上</td><td>中</td><td>下</td><td>上</td><td>中</td><td>下</td><td>上</td><td>中</td><td>下</td><td>上</td><td>中</td><td>下</td><td>上</td><td>中</td><td>下</td><td>上</td><td>中</td><td>下</td><td>上</td><td>中</td><td>下</td></tr>
<tr><td>节令</td><td>小寒</td><td></td><td>大寒</td><td>立春</td><td></td><td>雨水</td><td>惊蛰</td><td></td><td>春分</td><td>清明</td><td></td><td>谷雨</td><td>立夏</td><td></td><td>小满</td><td>芒种</td><td></td><td>夏至</td><td>小暑</td><td></td><td>大暑</td><td>立秋</td><td></td><td>处暑</td><td>白露</td><td></td><td>秋分</td><td>寒露</td><td></td><td>霜降</td><td>立冬</td><td></td><td>小雪</td><td>大雪</td><td></td><td>冬至</td></tr>
<tr><td>不利气象条件</td><td colspan="4">(2)霜冻、“倒春寒”，冻坏茶树，影响茶树萌发。
(3)持续阴雨天气、光照少，茶树光合作用少，能量积聚不足，生长缓慢。
(4)大风、冰雹、干旱等。</td><td colspan="4">过多，造成根系缺氧所致。
(3)持续的阴雨寡照，降雨强度大，雨量特多，产生冲涮及渍害。
(4)暴雨、大风、冰雹等。</td><td colspan="5">(4)土壤相对湿度≤40%茶树生育受阻；大于90%时茶树根系发育不良，这是由于土壤含水量过多，造成根系缺氧所致。
(5)暴雨、大风、冰雹等。</td><td colspan="9"></td><td colspan="8">(6)冰雹、大风等危害最大。</td><td colspan="6"></td></tr>
<tr><td>茶叶气象服务工作重点</td><td colspan="4">1. 降温幅度、降温持续时间的预报预警服务。
2. 干旱程度、干旱持续时间的预报预警服务。
3. 阴雨持续时间的预报预警服务。
4. 土壤水分的预报服务。
5. 茶叶病虫害防治的专题预报服务。
6. 茶树培肥管理专题预报服务。
7. 制作当年南涧茶叶气候年景展望。
8. 制作茶叶萌发期预报。</td><td colspan="4">1. 日平均温度低于10℃持续时间的预报服务。
2. 日平均温度稳定通过10℃的预报服务。
3. 干旱程度、干旱持续时间及防御茶叶旱害的措施预报。
4. 茶芽萌动期间茶园管理技术专题预报。定期编发旬月报：各旬初2日前编发茶叶气象旬报，月初4日前编发茶叶气象月报。春茶采摘期适宜度预报。</td><td colspan="5">1. 日平均温度低于15℃持续时间的预报服务。
2. 日平均温度稳定通过15℃的预报服务。
3. 倒春寒专题预报服务。
4. 干旱程度、干旱持续时间的预报预警服务。
5. 阴雨持续时间的预报预警服务。
6. 冰雹的预报预警服务。
7. 茶叶病虫害防治的专题预报服务。
8. 茶叶采摘期的日平均气温预报服务。
9. 土壤水分的预报服务。
10. ≥10℃积温预报服务。春茶采摘期技术专题服务：定期编发旬月报：各旬初2日前编发茶叶气象旬报，月初4日前编发茶叶气象月报。总结2月茶叶天气、气候概况及其对茶叶播种影响分析及预测春茶采摘期月气候对茶叶生长的影响；夏茶采摘期适宜度预报。</td><td colspan="9">1. 强降雨天气过程的预报预警服务。
2. 茶叶病虫害防治的专题预报服务。
3. 洪涝天气过程的预报预警服务。
4. 防洪涝、冰雹等措施建议。
5. 夏茶采摘期的日平均气温预报服务。
6. 春茶后浅锄、追肥专题服务。
7. 春茶采摘期气候影响评价：定期编发旬月报：各旬初2日前编发茶叶气象旬报，月初4日前编发茶叶气象月报；总结3～5月份茶叶天气、气候概况及其对茶叶播种影响分析及预测夏茶采摘期月气候对茶叶生长的影响；夏茶采摘期适宜度预报。</td><td colspan="8">1. 强降雨和连阴雨天气过程的预报预警服务。
2. 茶叶病虫害防治的专题预报服务。
3. 防洪涝、冰雹、阴雨寡照等灾害的措施建议。
4. 茶叶采摘期的日平均气温预报服务。定期编发旬月报：各旬初2日前编发茶叶气象旬报；月初4日前编发茶叶气象月报。总结6—8月茶叶天气、气候概况及其对茶叶播种影响分析。
5. 茶叶停采期预报。</td><td colspan="6">1. 降温幅度、降温持续时间的预报预警服务。
2. 干旱程度、干旱持续时间的预报预警服务。
3. 阴雨持续时间的预报预警服务。
4. 土壤水分的预报服务。
5. 茶叶病虫害防治的专题预报服务。
6. 茶树秋后深锄、修剪培肥管理专题预报服务。
7. 全年茶叶气候影响评价。
8. 定期编发旬月报。
9. 总结秋茶采摘期茶叶天气、气候概况及其对茶叶播种影响分析。
10. 茶叶封园期气象灾害风险预报。</td></tr>
</table>

5.3　茶叶光热水趋势特征评定划分标准

5.3.1　温度月和年型趋势特征评定划分标准

异常度	$\lvert\Delta T\rvert \geqslant 2$	$1 \leqslant \lvert\Delta T\rvert < 2$	$0 < \lvert\Delta T\rvert < 1$	$\Delta T = 0$
气温	特	偏	略	正常

其中：ΔT 为气温与常年的距平(℃)。

5.3.2　日照年型特征评定指标

异常度	$\lvert C\rvert \geqslant 30\%$	$30\% > \lvert C\rvert \geqslant 10\%$	$10\% > \lvert C\rvert \geqslant 0$
日照	偏	略	正常

其中：C 为日照距平百分率。

5.3.3　降水趋势特征评定划分标准

1. 年降水

距平百分率	$\Delta R \geqslant 30\%$	$10\% \leqslant \Delta R < 30\%$	$0 \leqslant \Delta R < 10\%$	$-10\% < \Delta R < 0$	$-30\% < \Delta R \leqslant -10\%$	$\Delta R \leqslant -30\%$
评定用语	特多	偏多	略多	略少	偏少	特少

2. 月降水

雨季(5—10 月)

距平百分率	$\Delta R \geqslant 50\%$	$20\% \leqslant \Delta R < 50\%$	$0 \leqslant \Delta R < 20\%$	$-20\% < \Delta R < 0$	$-50\% < \Delta R \leqslant -20\%$	$\Delta R \leqslant -50\%$
评定用语	特多	偏多	略多	略少	偏少	特少

干季(11 月至次年 4 月)

距平百分率	$\Delta R \geqslant 30\%$	$0 \leqslant \Delta R < 30\%$	$-30\% < \Delta R < 0$	$\Delta R \leqslant -30\%$
评定用语	偏多	略多	略少	特少

其中：ΔR 为降水距平百分率。

5.4　茶叶气象服务工作周年历

5.4.1　1 月茶叶气象服务

1. 天气气候特点

南涧 1 月是一年中最冷的时节，历年平均气温为 12.6℃，近 30 a 极端最低温度可达0℃(1974年);月降水量平均15.8 mm;月日照时数平均242.4 h。月内常有霜冻、低温雨雪冰冻冷害和不同程度的干旱发生。

2. 生长期及气象条件利弊分析

有利条件:茶树处于休眠期,平均气温0~10℃,茶芽停止萌发,处于越冬休眠期。茶树生长最为适宜的土壤相对湿度为75%~90%,在茶树休眠期,保持茶园土壤相对湿度在80%左右,是保证茶叶萌发增产的重要技术措施。

不利条件:(1)南涧大叶种茶抗寒性弱,当极端最低气温低于0℃时开始出现轻微冻害,低于−5℃就会严重受害甚至死亡。土壤相对湿度≤40%茶树生育受阻;大于90%时茶树根系发育不良,这是由于土壤含水量过多,造成根系缺氧所致。(2)霜冻、“倒春寒”,冻坏茶树,影响茶树萌发。(3)持续阴雨天气、光照少,茶树光合作用少,能量积聚不足,生长缓慢。(4)大风、冰雹、干旱等。

3. 主要农事活动及茶叶气象服务重点

茶树品种嫁接改良;极端最低气温低于0℃时,茶树轻微受害。极端最低气温低于−5℃时,茶树严重受害,甚至死亡。

服务重点:(1)降温幅度、降温持续时间的预报预警服务;(2)干旱程度、干旱持续时间的预报预警服务;(3)阴雨持续时间的预报预警服务;(4)土壤水分的预报服务;(5)制作当年南涧茶叶气候年景展望;(6)制作茶叶萌发期预报。

5.4.2 2月茶叶气象服务

1. 天气气候概况

2月进入立春节令,气温逐渐回升。南涧历年平均气温为14.7℃,近30 a极端最低温度可达1.6℃(1977年);历年平均月降水量20.4 mm;历年月平均日照时数221.5 h。本月冷暖变化大,既有日平均气温10℃以上晴暖天气,也有气温0℃及以下寒潮、霜冻、低温雨雪冰冻天气。

2. 生长期及气象条件利弊分析

2月上旬茶树处于休眠期,有利条件:平均气温处于0~10℃,茶芽停止萌发,处于越冬休眠期。茶树生长最为适宜的土壤相对持水量为75%~90%,在茶树休眠期,保持茶园土壤相对湿度在80%左右,是保证茶叶萌发增产的重要技术措施。不利条件:(1)霜冻、“倒春寒”,冻坏茶树,影响茶树萌发。(2)持续阴雨天气、光照少,茶树光合作用少,能量积聚不足,生长缓慢。(3)冰雹、干旱等。

2月中旬至下旬,茶树处于茶芽萌动期,有利气象条件:(1)适宜日平均气温≥10.0℃,旬平均气温连续5 d≥8℃,茶芽即开始萌动。当春季>10℃有效积温达到30℃·d左右时,当地茶树即开始萌动。日最高气温<30℃。(2)生长期月降雨量>20 mm;空气湿度60%~70%为适宜,10 cm土壤相对湿度为50%~60%。(3)从茶芽萌动到新梢成熟开采,所需>10℃的活动积温250~350℃·d。不利天气条件:(1)日平均气温<10℃,倒春寒天气。(2)严重的春旱,干旱,日平均气温在10℃以

下，生长最缓，超过30℃，则嫩梢的生长将受到抑制。土壤相对湿度≤40%茶树生育受阻；大于90%时茶树根系发育不良，这是由于土壤含水量过多，造成根系缺氧所致。(3)持续的多雨寡照，降雨强度大，雨量特多，产生冲涮及渍害。

3. 主要农事活动及气象服务重点

2月上旬：施催芽肥，茶树轻修剪。

服务重点：(1)降温幅度、降温持续时间的预报预警服务。(2)干旱程度、干旱持续时间的预报预警服务。(3)阴雨持续时间的预报预警服务。(4)土壤水分的预报服务。(5)茶叶培肥管理专题预报服务。(6)制作当年南涧茶叶气候年景展望。(7)制作茶叶萌发期预报。

2月中旬至下旬：春茶前施催芽肥，春茶前中耕。

服务重点：(1)日平均温度低于10℃持续时间的预报服务。(2)日平均温度稳定通过10℃的预报服务。(3)干旱程度、干旱持续时间及防御茶叶旱害的措施预报。(4)定期编发旬月报：各旬初逢2日前编发茶叶气象旬报。月初4日前编发茶叶气象月报，春茶采摘期适宜度预报。

5.4.3　3月茶叶气象服务

1. 天气气候概况

3月为春季的开始，气温开始变暖。南涧历年平均气温为18.0℃，近30 a极端最低温度可达0.6℃(1986年)；历年平均月降水量20.5 mm；历年月平均日照时数250.2 h。本月冷空气活动频繁，气温回升不稳定，气温变化剧烈，有霜冻、倒春寒天气出现，降水量少，常有不同程度春旱发生。

2. 生长期及气象条件利弊分析

3月茶树处于萌发～春茶采摘期(一真叶～三真叶期)。

有利气象条件：(1)适宜日平均气温13～15℃，≥10℃有效积温约200～350℃·d；(2)旬平均日照40～60 h；(3)旬平均降水量10～30 mm；(4)无暴雨洪涝、无阴雨；基本无低温阴雨、干旱、冰雹等。(5)土壤相对湿度60%～70%。

不利气象条件：(1)日平均气温<13.0℃或日最高气温≥30.0℃茶树嫩梢的生长将受到抑制。(2)初春干旱严重，易造成茶树芽叶枯萎、脱落，甚至整株茶树逐渐干枯死亡。(3)阴雨寡照雨水多，影响光合作用干物质积累。(4)土壤相对湿度≤40%茶树生育受阻；大于90%时茶树根系发育不良，这是由于土壤含水量过多，造成根系缺氧所致。(5)偶有暴雨、低温阴雨、冰雹等灾害性天气。

3. 主要农事活动及气象服务重点

主要农事：春茶开采，春茶采摘。

服务重点：(1)日平均温度低于15℃持续时间的预报服务。(2)倒春寒专题预报服务。(3)干旱程度、干旱持续时间的预报预警服务。(4)阴雨持续时间的预报预警服务。(5)冰雹的预报预警服务。(6)茶叶病虫害防治的专题预报服务。(7)茶叶采摘期的日平均气温预报服务。(8)土壤水分的预报服务。(9)≥10℃有效积温预报服务。

5.4.4 4月茶叶气象服务

1.天气气候概况

4月历年平均气温为20.9℃,近30 a极端最低温度3.6℃(1970年)。历年平均月降水量26.5 mm。历年月平均日照时数244 h。本月仍有冷空气活动导致的倒春寒天气出现,常有春旱发生。

2.生长期及气象条件利弊分析

4月茶树处于春茶采摘期(一真叶～三真叶期)。

有利气象条件:(1)适宜日平均气温13～20℃,≥10℃有效积温250～350℃·d。(2)旬平均日照40～60 h。(3)旬平均降水量10～20 mm。(4)无暴雨洪涝、低温阴雨、干旱、冰雹等。(5)土壤相对湿度40%～55%。

不利气象条件:(1)日平均气温<13.0℃或日最高气温≥30.0℃茶树嫩梢的生长将受到抑制。(2)初春干旱严重,易造成茶树芽叶枯萎、脱落,甚至整株茶树逐渐干枯死亡。(3)阴雨寡照雨水多,影响光合作用干物质积累。(4)土壤相对湿度≤40%茶树生育受阻,大于90%时茶树根系发育不良,这是由于土壤含水量过多,造成根系缺氧所致。(5)暴雨、冰雹等。

3.主要农事活动及气象服务重点

主要农事:春茶采摘,低产茶园改造茶树修剪。

服务重点:(1)日平均温度低于15℃持续时间的预报服务。(2)干旱程度、干旱持续时间的预报预警服务。(3)阴雨持续时间的预报预警服务。(4)冰雹的预报预警服务。(5)茶叶病虫害防治的专题预报服务。(6)茶叶采摘期的日平均气温预报服务。(7)≥10℃的有效积温预报服务。(8)春茶采摘期技术专题服务。定期编发旬月报。

5.4.5 5月茶叶气象服务

1.天气气候概况

5月历年平均气温为23.5℃,南涧历年平均月降水量65 mm,历年月平均日照时数230.5 h。本月光热气象条件较好,一般5月下旬进入雨季开始期。

2.生长期及气象条件利弊分析

5月上旬茶树处于春茶采摘期(一真叶～三真叶期)。

有利气象条件:(1)适宜日平均气温13～20℃,≥10℃的旬有效积温约70～100℃·d。(2)旬平均日照40～60 h。(3)旬平均降水量20～30 mm。(4)无暴雨洪涝、低温阴雨、干旱、冰雹等天气。(5)10 cm土壤相对湿度55%～70%。

不利气象条件:(1)日平均气温<13.0℃或日最高气温≥30.0℃茶树嫩梢的生长

将受到抑制。(2)初春干旱严重,易造成茶树芽叶枯萎、脱落,甚至整株茶树逐渐干枯死亡。(3)阴雨寡照雨水多,影响光合作用干物质积累;(4)土壤相对湿度≤40%茶树生育受阻,大于 90%时茶树根系发育不良,这是由于土壤含水量过多,造成根系缺氧所致。(5)偶有暴雨、大风、冰雹等。

5 月中旬至下旬:茶树处于夏茶采摘期。

有利气象条件:(1)平均气温 17～26℃,旬平均≥10℃有效积温约 70～100℃・d。(2)旬平均降雨量约 20～30 mm。(3)旬平均日照≥40～60 h。(4)无暴雨洪涝、干旱、冰雹、持续低温阴雨、大风等。(5)10 cm 土壤相对湿度 55%～70%。

不利气象条件:(1)低温阴雨寡照,日平均气温≤17℃。(2)每日平均日照时数≤2 h。(3)日最高气温≥35.0℃或日最高气温≥30℃连续 3 d 以上。(4)10 cm 土壤相对湿度低于 50%。(5)暴雨洪涝、冰雹、大风、强降水后暴晴暴热。

3. 主要农事活动及气象服务重点

主要农事:5 月上旬,春茶采摘和低产茶园改造茶树修剪。5 月中下旬,中旬低产茶园改造茶树修剪、春茶后浅锄和夏茶前追肥。下旬夏茶采摘和低产茶园改造施肥。

服务重点:(1)强降雨天气过程的预报预警服务。(2)茶叶病虫害防治的专题预报服务。(3)洪涝天气过程的预报预警服务。(4)防洪涝、冰雹等措施建议。(5)春茶后浅锄、追肥专题服务。(6)春茶采摘期气候影响评价。(7)预测夏茶采摘期月气候对茶叶生长的影响。夏茶采摘期适宜度预报。

5.4.6　6 月茶叶气象服务

1. 天气气候概况

6 月历年平均气温为 24.4℃,南涧历年平均月降水量 104.3 mm,历年月平均日照时数 164.7 h。本月为进入雨季过渡阶段,南涧常年雨季开始期为 6 月 3 日,大部年份雨量充沛,但也有低温阴雨寡照天气或初夏旱出现。

2. 生长期及气象条件利弊分析

6 月茶叶处于夏茶采摘。

有利气象条件:(1)平均气温 17～26℃,旬平均≥10℃有效积温约 80～110℃・d。(2)旬平均降雨量约 20～30 mm。(3)旬平均日照≥40～60 h。(4)无暴雨洪涝、干旱、冰雹、持续低温阴雨、大风等。(5)10 cm 土壤相对湿度 55%～70%。

不利气象条件:(1)低温阴雨寡照,日平均气温≤17℃,某日最高气温≥35.0℃或日最高气温≥30℃连续 3 d 以上。(2)每日平均日照时数≤2 h。(3)10 cm 土壤相对湿度低于 50%。(4)偶有暴雨洪涝、冰雹、大风、强降水后爆晴暴热等天气。

3. 主要农事活动及气象服务重点

主要农事:低产茶园改造施肥、夏茶采摘、防治病虫害。

服务重点:(1)强降雨天气过程的预报预警服务。(2)茶叶病虫害防治的专题预报服务。(3)洪涝天气过程的预报预警服务。(4)防洪涝、冰雹等措施建议。(5)夏茶

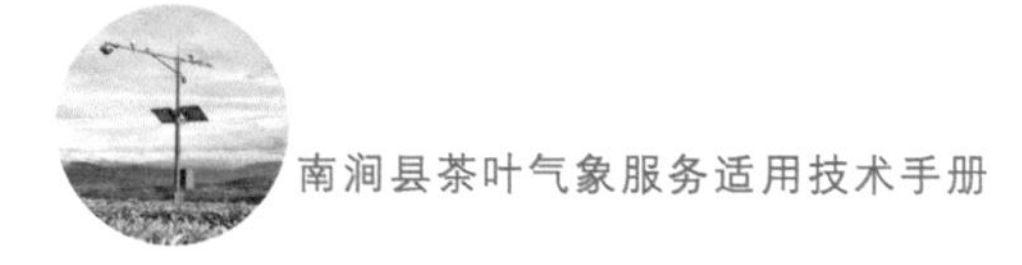

采摘期的日平均气温预报服务。(6)定期编发旬月报:各旬初 2 日前编发茶叶气象旬报;月初 4 日前编发茶叶气象月报。

5.4.7 7 月茶叶气象服务

1. 天气气候概况

7 月是主汛期,气温较高,雨量充沛。南涧 7 月历年平均气温为 23.9℃,历年平均月降水量 137.7 mm,历年月平均日照时数 134.4 h。本月多大雨、暴雨、大风、冰雹天气。

2. 生长期及气象条件利弊分析

7 月茶叶处于夏茶采摘。

有利气象条件:(1)日平均气温 15～24℃,≥10℃旬有效积温 70～100℃·d。(2)平均旬降雨量约 30～50 mm。(3)旬平均照日照≥40～60 h。(4)无暴雨洪涝、干旱、冰雹、持续低温阴雨、大风等。(5)10 cm 土壤相对湿度 70%～90%。

不利气象条件:低温阴雨寡照,日平均气温≤15℃,每日平均日照时数≤2 h,某日最高气温≥35.0℃或日最高气温≥30℃连续 3 d 以上;10 cm 土壤相对湿度低于 50%。偶有暴雨洪涝、冰雹、大风、强降水后暴晴暴热。

3. 主要农事活动以及气象服务重点

主要农事:夏茶采摘、防治病虫害。

服务重点:(1)强降雨天气过程的预报预警服务。(2)茶叶病虫害防治的专题预报服务。(3)洪涝天气过程的预报预警服务。(4)防洪涝、冰雹等措施建议。(5)夏茶采摘期的日平均气温预报服务。(6)定期编发旬月报:各旬初 2 日前编发茶叶气象旬报;月初 4 日前编发茶叶气象月报,总结 6 月茶叶天气、气候概况及其对茶叶播种影响分析。

5.4.8 8 月茶叶气象服务

1. 天气气候概况

8 月处于主汛期,雨量充沛,气温仍较高。8 月历年平均气温为 23.6℃,历年平均月降水量 140.1 mm,历年月平均日照时数 162.6 h。本月强降水、大风、冰雹天气仍较多,有插花性伏旱天气,有 8 月低温天气。

2. 生长期及气象条件利弊分析

8 月上旬茶叶处于短暂休止期。

有利气象条件:(1)平均气温 15～25℃,≥10℃旬有效积温约 70～100℃·d。(2)平均旬降雨量约 40～60 mm。(3)旬平均照日照≥40～60 h。(4)无暴雨洪涝、干旱、冰雹、持续低温阴雨、大风等。(5)10 cm 土壤相对湿度 70%～90%。

不利气象条件:低温阴雨寡照,日平均气温≤19℃;每日平均日照时数≤2 h;某日最高气温≥35.0℃或日最高气温≥30℃连续 3 d 以上;10 cm 土壤相对湿度低于

50%。偶有暴雨洪涝、冰雹、“八月低温”、强降水后爆晴暴热等天气。

8月中下旬处于秋茶开采和秋茶采摘期。

有利气象条件：(1)适宜温度13.0～20.0℃，日最高气温18～25℃，旬≥10℃有效积温约70～100℃·d。(2)旬平均降水量10～20 mm。(3)旬平均日照时数40～60 h。(4)无暴雨、低温、阴雨、暴晴暴热、冰雹、大风天气。(5)10 cm土壤相对湿度70%～90%。

不利条件：(1)低温阴雨寡照天气，日平均气温连续3 d以上低于13.0℃，8—9月连续3 d低于19.0℃，出现障碍型低温，最低气温降至10.0℃以下，出现秋季杀伤型低温。茶叶新梢内部细胞组织遭受低温损害，严重降低茶叶品质。(2)持续干旱，土壤相对湿度≤40%，茶叶减产、品质差。(3)降水偏多至特多，土壤相对湿度大于90%，茶树根系发育不良。(4)平均日照≤3 h，影响茶叶品质。(5)日最高气温≥35.0℃或日最高气温≥30℃连续3 d以上，易出现高温灼伤茶芽。(6)偶有冰雹、大风等危害最大。

3.主要农事活动及气象服务重点

主要农事：上、中旬夏茶采摘，中旬秋茶前浅耕、追肥。8月下旬主要为秋茶开采和秋茶采摘期。茶树病虫害防治。

服务重点：(1)强降雨和连阴雨天气过程的预报预警服务。(2)茶叶病虫害防治的专题预报服务。(3)防洪涝、冰雹、阴雨寡照等灾害的措施建议。(4)秋茶采摘期的日平均气温预报服务。定期编发旬月报：各旬初2日前编发茶叶气象旬报；月初4日前编发茶叶气象月报。(5)总结7月茶叶天气、气候概况。

5.4.9 9月茶叶气象服务

1.天气气候概况

9月南涧县进入雨季后期。9月南涧历年平均气温为22.2℃，月内上、中、下旬历年平均气温分别为22.8℃、22.2℃、21.5℃。历年平均月降水量106.8 mm。历年月平均日照时数157.8 h。本月有秋季低温连阴雨天气出现。

2.生长期及气象条件利弊分析

9月处于秋茶采摘期。

有利气象条件：(1)适宜温度13.0～20.0℃，日最高气温13～22℃，旬平均≥10℃有效积温50～70℃·d。(2)旬平均降水量10～30 mm。(3)旬平均日照时数40～60 h。(4)无暴雨、低温、阴雨、暴晴暴热、冰雹、大风天气。(5)10 cm土壤相对湿度75%～90%。

不利条件：(1)低温阴雨寡照天气，9月日平均气温连续3 d以上低于13.0℃，出现障碍型低温，最低气温降至10.0℃以下，出现秋季低温。茶叶新梢内部细胞组织遭受低温损害，严重降低茶叶品质。(2)持续干旱，土壤相对湿度≤40%，茶叶减产、品质差。(3)降水偏多至特多，土壤相对湿度大于90%，茶树根系发育不良。(4)平均日照≤3 h,影响茶叶品质。(5)日最高气温≥35.0℃或日最高气温≥30℃连续 3 d 以上,易出现高温灼伤茶芽。

3. 主要农事活动及气象服务重点

主要农事:秋茶采摘期及茶树病虫害防治。

服务重点:(1)强降雨和连阴雨天气过程的预报预警服务。(2)茶叶病虫害防治的专题预报服务。(3)防洪涝、冰雹、阴雨寡照等灾害的措施建议。(4)秋茶采摘期的日平均气温预报服务。定期编发旬月报:各旬初 2 日前编发茶叶气象旬报,月初 4 日前编发茶叶气象月报,总结 8 月茶叶天气、气候概况及其对茶叶播种影响分析。

5.4.10 10 月茶叶气象服务

1. 天气气候概况

10 月进入雨季结束期,南涧历年平均雨季结束期为 10 月 20 日。10 月历年平均气温为 19.9℃,月内上、中、下旬历年平均气温分别为 20.9℃、20.4℃、18.5℃。历年平均月降水量 77.7 mm。历年月平均日照时数 180.4 h。本月有秋季低温连阴雨天气出现。

2. 生长期及气象条件利弊分析

10 月处于秋茶采摘期。

有利气象条件:(1)适宜温度 13.0～20.0℃,日最高气温 13～22℃,旬平均≥10℃有效积温 50～70℃·d。(2)旬平均降水量 10～30 mm。(3)旬平均日照时数 40～60 h。(4)无暴雨、低温、阴雨、暴晴暴热、冰雹、大风天气。(5)10 cm 土壤相对湿度 75%～90%。

不利条件:(1)低温阴雨寡照天气,9 月日平均气温连续 3 d 以上低于 13.0℃,出现障碍型低温,最低气温降至 10.0℃ 以下,出现秋季低温。茶叶新梢内部细胞组织遭受低温损害,严重降低茶叶品质。(2)持续干旱,土壤相对湿度≤40%,茶叶减产、品质差。(3)降水偏多至特多,土壤相对湿度大于 90%,茶树根系发育不良。(4)平均日照≤3 h,影响茶叶品质。(5)日最高气温≥35.0℃或日最高气温≥30℃连续 3 d 以上,易出现高温灼伤茶芽。

3. 主要农事活动及茶叶气象服务重点

主要农事:秋茶采摘。

10 月茶叶气象服务是:(1)强降雨和连阴雨天气过程的预报预警服务。(2)茶叶病虫害防治的专题预报服务。(3)防洪涝、冰雹、阴雨寡照等灾害的措施建议。(4)秋茶采摘期的日平均气温预报服务。(5)定期编发旬月报:各旬初 2 日前编发茶叶气象旬报。月初 4 日前编发茶叶气象月报,总结 9 月茶叶天气、气候概况及其对茶叶播种影响分析。

5.4.11　11—12 月茶叶气象服务

1.10 月下旬至 12 月天气气候概况

11—12 月南涧历年平均气温分别为 15.6℃和 12.6℃，11 月月内上、中、下旬历年平均气温分别为 16.9℃、15.7℃、14.4℃。12 月月内上、中、下旬历年平均气温分别为 16.9℃、15.7℃、14.4℃。历年平均月降水量分别为 34.2 mm 和 11.5 mm。历年月日照时数分别为 209.9 h 和 230.6 h。11—12 月有秋季低温连阴雨天气及霜冻出现。

2.生长期及气象条件利弊分析

11—12 月茶叶处于停采期/茶树休眠期。

有利气象条件：平均气温处于 0～10℃，茶芽停止萌发，处于越冬休眠期。茶树生长最为适宜的 10 cm 土壤相对持水量为 75%～90%，在茶树休眠期，保持茶园土壤相对湿度在 80%左右，是保证茶叶萌发增产的重要技术措施。

不利条件：(1)南涧大叶种茶抗寒性弱，当极端最低气温低于 0℃时开始出现轻微冻害，低于−5℃就会严重受害甚至死亡。10 cm 土壤相对湿度≤40%茶树生育受阻，大于 90%时茶树根系发育不良，这是由于土壤含水量过多，造成根系缺氧所致。(2)低温冷害冻坏茶树，影响茶树萌发。(3)持续阴雨天气、光照少，茶树光合作用少，能量积聚不足，生长缓慢。

3.茶叶气象服务重点

11—12 月服务重点：(1)降温幅度、降温持续时间的预报预警服务。(2)干旱程度、干旱持续时间的预报预警服务。(3)阴雨持续时间的预报预警服务。(4)土壤水分的预报服务。(5)茶叶病虫害防治的专题预报服务。(6)茶树封园管理专题预报服务。(7)全年茶叶气候影响评价。(8)总结秋茶采摘期茶叶天气、气候概况及其对茶叶播种影响分析。(9)茶叶封园期气象灾害风险预报。

5.5　茶叶气象服务其他内容

根据茶叶全生育期、关键期的天气气候环境条件及三性天气(关键性、灾害性、转折性天气)、异常气候等，针对茶叶各生育时段所需烤烟气象条件，不定期开展茶叶气象条件监测、预报、鉴定评估分析，有针对性地提出未来一段时期应对气候变化的措施建议，为全县茶叶生产趋利避害、防灾减灾生产管理提供指导意见。

不定期编报全县茶叶气象专题服务材料，编发年度南涧茶叶气候影响评估报告，分析评估本年度茶叶气候特征，通过本年气象资料与历年气象资料进行对比分析及重大气候事件对南涧茶叶的影响分析，综合分析评估本年度茶叶全生育、各关键期的气候适宜度。

茶叶专题气象服务

2018年 第1期

南涧县气象为农服务涉农专家联盟　　2018年1月12日

茶园防寒抗冻技术措施

一、前期天气回顾及影响

1月上旬我县平均气温12.2℃，累计降水35.9毫米，较常年同期偏多29.2毫米；日照56.4小时，较常年同期偏少22小时。本旬大部地区总体以"低温多雨寡照"为主要特征，旬内在2-4日和8-10日出现两次降温降雨天气过程，对我县高海拔地区茶树生长发育不利，容易遭受低温冻害。

二、未来天气气候预测

1月中旬，全县大部累积降水在10mm左右；与常年同期相比，全县大部分地区气温较常年同期持平或略偏低1～2℃左右。旬内有两次主要天气过程：11～13日，我县大部地区继续维持低温阴冷天气；其余时间段以多云间晴天气为主。

三、茶园防寒抗冻建议

（一）加客土，增厚活土层

在茶园行间加入适量新客土，提高土壤保温能力。

（二）覆盖

在低温寒潮来临之前，可用遮阳网覆盖茶蓬；用稻草、杂草、秸秆、树叶、锯木、厩肥等于土壤封冻前铺盖茶园，每亩约需铺草1500-2000千克，茶树根部要厚些，铺盖后地温可提高1-2℃，降低冻土深度，保持土壤水分。

（三）熏烟驱霜

熏烟的作用是在茶园空间形成烟雾，防止热量的辐射扩散，利用"温室效应"预防晚霜冻。方法是当晚霜来临之前，根据风向、地势、面积设堆点火，既防晚霜冻又积肥。

（四）加强肥培管理，施足基肥

在茶园中施入有机肥或腐熟饼肥，以利提高茶园土温、土壤肥力和茶树本身的抗冻能力。

四、茶园冻害补救措施

（一）剪除受冻枝叶。茶树受冻后，部分枝叶失去活力，必须剪去死枝。修剪时间在气温回升并不会再引起严重冻害后进行，修剪深度为：剪口比冻死部位深1-2厘米。但，对于受冻较轻，如只有叶片边缘受冻的茶树则不必修剪。

（二）加强肥水管理。受冻茶树修剪后应加强肥水管理，及时补充速效肥料，施肥应少量多次，使茶树迅速恢复生机，重建树冠。

（三）多留养春夏新叶。深修剪的茶树，春茶留一叶采，夏茶适当多留叶；重修剪的茶园，应留养春梢，夏梢打顶采，尽快恢复树冠。

在此感谢南涧县茶叶工作站（南涧县茶叶科学技术研究所）提供技术指导！

编制：南涧县气象为农服务涉农专家联盟
联系方式：0872-8791413
邮箱：njqxz@sina.com

茶叶专题气象服务

2018年 第6期

南涧县气象为农服务涉农专家联盟　　2018年6月15日

阴雨天气结束　　需加强茶园管理

一、前期天气回顾及影响

受孟加拉湾低压外围西南暖湿气流影响，6月8日～14日我县出现持续阴雨天气，累计日照时数仅9小时。全县28个站共出现大雨17站次，中雨90站次，平均降雨量为85.3毫米，其中100毫米以上10站，最大为公郎金山137.5毫米；55.1～96.2毫米12站；其余6站为40.9～49.2毫米。

6月8日至14日，以南涧县龙潭茶场"云茶"小气候站观测数据可知，南涧县茶区平均气温15.5℃，平均最高气温15.7℃，平均最低气温15.3℃，累计降雨84.4毫米，平均相对湿度92%。此次持续阴雨天气过程，对我县茶树生长发育不利，有利于引发相应的病虫害，需加强茶园管理。

图1　6月8日至14日每日日照时数（h）

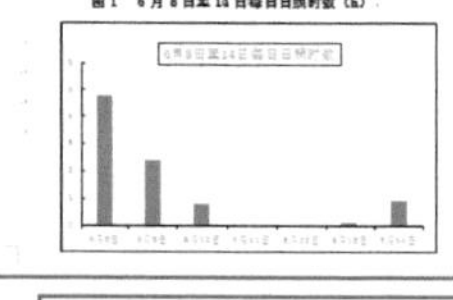

"云茶"小气候站6月8-14日气温变化趋势图

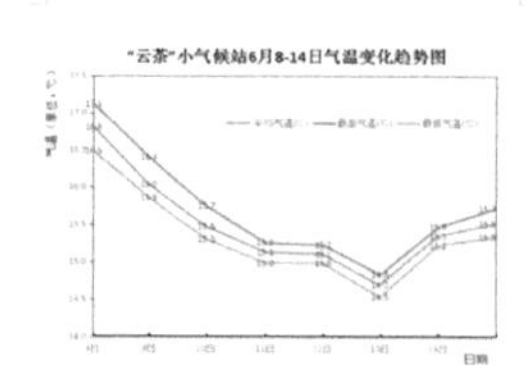

表1"云茶"小气候站6月8-14日常规气象要素表

气象要素	平均气温(℃)	最高气温(℃)	最低气温(℃)	累计降雨(mm)	相对湿度(%)
8日	16.9	17.1	16.5	0.1	85
9日	16.0	16.4	15.9	73.8	92
10日	15.5	15.7	15.3	1.4	90
11日	15.1	15.3	15.0	5.1	94
12日	15.1	15.2	15.0	3.3	94
13日	14.7	14.9	14.5	0.7	90
14日	15.3	15.5	15.2	0	94
平均值/累计值	15.5	15.7	15.3	84.4	92

二、茶叶生长气象条件影响分析

6月8日至14日南涧茶叶处于：夏茶采摘期。

有利气象条件：近期雨水充足，空气湿度相对达90%以上，土壤相对湿度达90%以上，有利于夏茶茶芽萌发。

不利气象条件：近期持续低温阴雨天气，光照不足，不利于茶叶光合作用。茶区表层土壤饱和，部分低洼地区出现渍涝；6月是茶叶虫害高发期，时雨时晴的天气有利于茶小绿叶蝉、黑刺粉虱和茶橙瘿螨等虫害的发生。

三、后期天气气候预测及夏季茶叶采摘与茶园管理建议

1.后期天气气候预测

预计6月16～20日我县为少雨天气，气温回升。其中：6月16日多云有阵雨，17～18日多云间晴，局部有短时阵雨，19～20日多云有阵雨。

6月15-30日南涧茶叶仍然处于夏茶采摘时期。

2.夏季茶叶采摘与茶园管理建议

茶树经过连续采摘，体内的大量营养物质被消耗，夏季气温高，土壤板结，杂草丛生，且地力下降，虫害较多，影响茶树正常生长。因此，夏季茶园管理的主要任务是恢复茶树生机，创造良好的生态环境，实现夏秋茶优质高产。夏茶上连春茶，下接秋茶，是一个承上启下的茶季，因此提出以下夏季茶叶采摘与茶园管理建议：

（一）浅耕除草保墒情

茶树是多年生叶用经济作物，对水分的要求较高，特别是气温较高的生长季节，依据天气情况和茶园墒水状况，及时灌溉茶园，以土壤持水量与相对湿度达90%为最佳。

浅耕除草是夏季茶园管理的重要工作。一般在树冠滴水线内为10厘米，在滴水线外为20厘米，并拣除石块、杂草和草蔸，打碎土块，疏松土壤，使其透气、透水，提高积蓄和供给水肥的能力。

浅耕除草不仅可以减少杂草对土壤水分、养分的消耗与减少病虫害的发生，还可以疏松土壤，加大土壤空隙，促使空气流通。空气含量增多，可以提高土壤透水性和蓄水能力，减少径流，使土壤的持水率和接纳雨水的能力增强。土壤保水、保肥、保土能力就提高了。同时，浅耕除草切断了茶树根系的毛细管道，阻止毛管水的上升，使蒸发量减少。浅耕除草一年至少进行4～5次，于每轮茶采摘后的晴天进行。

（二）修剪树冠追施肥

投产茶园的茶树修剪，一般只采用轻修剪和深修剪二种。深修剪主要用于树冠分枝过于密集，并出现鸡爪枝和回枯枝，对夹叶大量发生，茶叶产量明显下降的茶树。深修剪的深度是剪除树冠面上10～15厘米的枝条。

春茶采摘以后，树体营养物质大量消耗，新梢停止生长，而根系生长加强，因此要及时施肥补充树体养分。在茶园施肥中，追肥次数可适当多些，使土壤中有效氮含量季节分布比较均衡，在生长的各个高峰能吸收到较多的养分，以利增加全年产量。

追肥次数可适当多些，使土壤中有效氮含量季节分布比较均衡，在生长的各个高峰能吸收到较多的养分，以利增加全年产量。

（三）合理采摘增收入

夏季天气炎热，茶树新梢生长缓慢，极易老化，鲜叶品质差，夏茶的采摘应坚持勤采、分批采、适时采，在管理的同时可以增加茶农收入。

（四）病虫防治不放松

夏季是病虫害的高发期，要积极防治病虫害。特别注意茶小绿叶蝉、黑刺粉虱和茶橙瘿螨的预测与防治。科学运用农业栽培管理措施，充分保护自然天敌，发挥天地作用，达到高效生物防治。

在此感谢南涧县茶叶工作站（南涧县茶叶科学技术研究所）提供技术指导！

编制：南涧县气象为农服务涉农专家联盟
联系方式：0872-8791413
邮箱：njqxz@sina.com

5.6　茶叶气象服务技术初探

5.6.1　建立茶叶气象监测体系

南涧"云茶"小气候观测站(图 5.1)是云南省气象局 2017 年重点推进的"三农"气象服务专项建设示范项目,同时是茶叶气象监测体系。该新型小气候观测站选址安装于高山生态茶园中,在对茶园环境温度、湿度、雨量、风向、风速、气压等常规气象要素观测基础上,可对山区茶树生长的光合有效、总辐射、日照、地温、土壤水分、裸温、冠层叶片温度等小气候要素适时自动监测,同时动态记录茶叶物候期实景。气象科技人员可以通过茶叶生态监测资料和小气候观测资料的对比分析,及时了解气象条件变化对茶叶生长发育的影响,适时开展茶园科学管理,茶叶的适时采摘、茶树引种、茶叶产量及品质和病虫害预报等针对性的直通式茶叶气象服务。

图 5.1　南涧"云茶"小气候观测站

5.6.2　具有农业气象服务平台

1. 依托云南省气象局开发的云南省高原特色现代农业服务平台进行茶叶气象服务,整套系统实现了农业气象服务产品加工制作、信息管理、产品分发等的自动化、集约化、规范化和标准化。

2. 南涧县气象局气象为农服务产品的发布方式包括:"南涧气象"微信公众平台、南涧气象为农服务专家联盟微信群、南涧新型农民直通式气象服务群、电子政务网、电子邮箱等发送方式。

5.6.3　多部门合作机制

2017 年 8 月,成立了由县农业局、县林业局、县茶叶站、县气象局等 18 位涉农专家组成的南涧县涉农专家联盟,充分发挥气象为农服务涉农专家联盟作用,召开南涧县精细化茶叶气候区划及茶叶低温冷冻灾害风险区划专家研讨会,分析研判精细化茶叶农业气象服务。为进一步提升茶叶气象为农服务能力和水平,与县茶叶站签订部门合作协议,与茶叶专家共同开展茶叶生长物候观测和农情调查,真正做到"知农时、懂农事、察农需、接地气"!

5.6.4 完善茶叶"直通式"服务

面对茶叶产业结构调整下新型经营主体,建立了茶叶种植大户和重点服务对象数据库,定期走访重点服务对象,建立信息反馈机制。通过建立茶叶气象服务基地、茶叶气象服务示范田,把茶叶服务工作由办公室、试验室延伸到茶叶种植龙头企业、规模种植大户及广大的茶农,直接面向农业新型经营主体进行培训和茶叶气象专题信息服务。

5.6.5 服务效益评估机制

在农事关键期、转折性天气、春播期倒春寒、暴雨洪涝、干旱等重大气象灾害实例,通过问卷调查、实地走访等方式制作农业气象服务效益评估。县气象为农服务工作领导小组办公室每年开展一次以茶叶专业合作社、种植大户等重点服务对象的茶叶气象服务效益评估会。气象为农服务效果显著,全区茶农增收效果明显,气象灾害损失降低,人民群众予以高度称赞。

第 6 章　茶叶气象灾害防御适用技术

茶树在生育期间，由于天气、气候的异常，其枝叶往往受到伤害，最终导致减产或绝收。严重的可使茶树地上部分或全部死亡。南涧县立体气候突出，从南至北可划分为南亚热带、中亚热带、北亚热带和暖温带 4 个气候带，气候类型多样，既有适宜茶叶生长的气象条件，又有干旱、冰雹、洪涝、低温冷害、霜冻、暴雨等气象灾害性天气的影响，如积极采取趋利避害措施，能减轻茶叶气象灾害的危害。

6.1　寒潮、霜冻、冻害及其防御技术

6.1.1　寒潮

寒潮是指北方大范围强冷空气侵入的一种天气过程。这种冷空气使得某地日最低气温在 24 h 内降温幅度≥8℃，或 48 h 内降温幅度≥10℃，或 72 h 内降温幅度≥12℃以上，而且使最低气温在 4℃以下称为寒潮，否则称为冷空气。入侵南涧的寒潮，主要出现在每年 11 月至次年 4 月。寒潮到来时，通常会带来大风、降温、降雪天气。虽然强降温和严寒，能冻死越冬病菌和虫卵，但对茶树茶芽的萌发有不利影响。

6.1.2　霜冻

霜冻是早秋或晚春时期，由于冷空气的入侵，土壤表面、植物表面和靠近地面空气层的温度快速降到 0℃以下，使茶树受到损坏的一种灾害。茶树霜冻是指茶树新梢生长期间，受低温天气影响，茶园气温下降，幼嫩茶芽受到伤害的现象。

(1)按霜冻形成的原因，霜冻可分白霜和黑霜两种。白霜：当达到霜冻条件时，如果空气中水汽含量很多，达到饱和时，由水汽直接凝结成冰晶，并在植物表面上形成一层白色的霜，称为白霜。黑霜：当达到霜冻条件时，如果空气中的水汽很少，达不到饱和时，在植物表面就不会有白霜出现，但空气温度已降至 0℃以下，使农作物遭受冻害，出现枝叶枯死而变成黑色，称为黑霜。

(2)按霜冻出现的季节，霜冻又分早霜冻(也称为秋霜冻)和晚霜冻(也称为春霜冻)。每年入秋后第一次出现的霜冻称为早霜冻；每年春季最后一次出现的霜冻称为晚霜冻。一般情况，据南涧气象站 1981—2010 年资料记载，有霜日常年平均为 27.2 d，霜期最长为 48 d，最短为 4 d。年内多发生在冬季(12 月至次年 2 月)南涧地区的霜

期短，有霜日数少，危害较轻。南涧县海拔 2000 m 以下地区霜冻危害不大，但在 2000 m 以上地区，危害就比较大。

6.1.3 冻害

冬季受寒潮天气的影响，出现剧烈的降温，温度低于 0℃，使农作物植株体内结冰，造成植株死亡或部分死亡的现象称为冻害。受冻害的茶叶边缘或整片茶叶呈现紫褐色，出现“麻点”，芽头和叶片中的花青素增加，有受冻害的的鲜叶加工的早春茶，茶的苦涩味更重，影响滋味，茶叶品质降低。

6.1.4 冷害

低温冷害是南涧茶叶生产中的主要气象灾害之一，茶芽对低温反映极为敏感，低温对茶叶生长发育和产量、质量影响较大。冷害(由 0℃以上低温造成)，外界低温会使细胞间水分结冰，导致原生质脱水变质而凝固，原生质的胶体受到破坏，温度越低，持续时间越长，对茶树影响就越大。春天随着气温回升，茶树开始萌发，特早生或部分早生品种因发芽早，开始采摘，但如果出现“倒春寒”天气，气温由正常值骤降，将对茶树产生不良影响，轻则造成茶叶叶尖变红，严重时导致芽叶枯焦，茶叶产量减产。

通常日平均气温在 15～25℃的范围内，适宜于茶树的生长。当春季气温回升到 10℃左右时，茶树越冬芽即可萌动。据有关试验研究表明，低温对茶叶的品质在各采摘期都会造成一定的危害。

6.1.5 寒潮、霜冻、冻害、冷害主要区别

寒潮是一种天气过程，寒潮到来时，可以引起霜冻、冻害和倒春寒等灾害。冻害和霜冻的主要特征是气温降至 0℃以下，同时最低气温较低，冻害温度较低，一般在－5℃以下；霜冻温度较高，一般在－5℃以上。冷害是在温暖期间作物遭受 10℃以上的低温影响。从危害作物看，冻害主要危害越冬作物如冬小麦，果树等，冷害主要危害喜温作物如水稻、玉米、豆类等。霜冻和冻害都是作物遭受伤害，主要区别是农作物体内是否结冰，如果农作物体内结冰，植株组织受到伤害，则是冻害；如果农作物体内没有结冰现象，作物生长发育机能受到阻碍，则是霜冻。且冻害发生在寒冷时期，霜冻发生在较温暖的气候条件下。

6.1.6 寒潮、霜冻、冻害、冷害防御措施

(1)注意降温天气预报，在寒潮来临前，采取措施防御或减轻冻害造成的损失，这是达到成本低、收效大主要措施；结合新建立的茶叶小气候站，加大对茶园的气候监测力度，当达到灾害报警标准之时，立即做出预报，及时会商通知相应的茶农提前做好防护措施。

(2)选择适宜本地栽培的较抗寒的茶树品种种植(杨金涛 等，2015)。

(3)在茶园的冬季风的上风方向，多种植树木，营造防风林带，从而减弱寒流对茶叶的低温冷害；或者在茶树间遍插松枝，对冷空气形成扰动，使茶园内茶丛上的冷空

气与稍高一点的暖空气相互混合交流，不至于茶树根部温度较低，能减轻茶树的受害程度。

(4)做好冬季茶园封园工作，浅修、深耕、施足基肥，增强抗冻能力。深耕时切记深耕深挖，否则土壤过于疏松，热量容易流失，不保温，茶树很容易受冻害。

(5)覆盖法，在茶树的根部覆盖，这不仅能直接阻隔强冷空气对茶园地面的袭击，同时覆盖层中存在的静止空气层，是一个很好的防风隔热保温层，当夜间地面辐射冷却强烈时，可以使得土壤与覆盖层之间的水分、能量不被带走，从而形成一个特有的、较为温暖的小气候环境，此外，还可以在茶丛表面喷洒防冻保温抑制蒸发剂防止冻害，其效果尚可。覆盖法是茶区最常用且效果显著的办法，它不仅提高了茶叶鲜叶的品质，而且成本较低，适宜于山区和丘陵茶园用。

(6)喷灌法，灌水可以增加近地面空气湿度，保护地面热量，提高空气温度，由于水的热容量大，比干燥土壤降温慢，茶树根部的温度不会很快下降。在发生霜冻之前提前在茶树上喷水，当发生霜冻水汽凝结时要释放热量，从而提高了地温和茶树间温度，能起到预防霜冻的效果。

(7)加强茶园管理。除了选择茶树抗逆性强的茶树品种外，必须合理运用各项茶园培育管理技术，提高茶树抗寒能力，取得安全越冬的效果。一是茶叶采摘。采取合理采摘，适时封园，至霜降适时封园停采，使秋季叶片充分成熟，提高茶树抗寒能力。幼龄茶园最后一次打顶轻采后至越冬期不再抽发新芽为宜。二是茶园施肥，要做到“早施重肥基肥，前促后控分次追肥”。基肥的施用时期为 9 月下旬，基肥应以有机肥为主，配施磷钾肥。分次追肥，及春夏茶前追施氮肥，可在该季茶芽萌动时施用，促进茶树生长；秋季追肥在“立秋”前后，有利于茶树越冬。三是茶园覆盖防冻。茶园行间铺草可以增加地温，降低土壤冻土层深度，减轻根系受冻程度；铺草可以使茶树夜间气温提高 0.3～2℃，材料可以选用作物秸秆、无籽杂草等，可使茶树安全过冬。

6.2　干旱及其防御技术

6.2.1　干旱对南涧茶叶的影响

干旱是南涧茶叶生产中的主要气象灾害之一。茶叶生长需水多，但南涧常有春旱影响茶芽正常萌发，插花性伏旱影响茶树旺长，从而影响茶叶品质和产量。

1. 对幼龄茶树的影响

幼龄茶树受旱害尤为严重，其原因是幼龄茶树的根系欠发达、分布较浅，抗干旱能力差，特别是新植的茶园，根系伤口尚未愈合，新的须根未形成，基本没有抗干旱能力，在持续干旱天气情况下，易造成幼龄茶树芽叶枯萎、脱落，甚至整株茶树逐渐干枯死亡。

2. 对投产茶树的影响

进入投产期的茶树遭受旱害后，新梢生育期严重缩短，芽的萌发期比正常情况缩短，茶叶产量下降。随着旱害时间增长，茶叶减产越严重。新梢旺长期间遭受旱害后，新梢生长受抑，叶片瘦小，叶质薄，对夹叶形成多。茶树鲜叶中的碳氢代谢水浸出物、氨基酸、茶多酚、咖啡碱等品质成分减少，单糖和纤维素等含量增加，茶叶品质下降。

6.2.2 茶树旱害预防措施

1. 合理选址、规范建园

茶树预防旱害应从茶园选址入手。一般要选择背风向阳的南坡建立茶园。同时合理种植防护林和行道树，能有效降低茶园内风速，调节温度，减少水分流失，保持湿度，减轻茶树旱害。在茶园行间种植遮荫树，每亩 10～15 株，也可茶果间作，改善茶园小气候。

2. 选用耐旱品种

选育具有较强抗旱性的茶树品种是提高茶树抗旱能力的根本途径。茶树扎根深度影响茶树的抗旱性，根浅的品种抗旱性弱，根深的品种抗旱性强。

3. 加强肥培管理，提高茶树抗旱能力

一是种植时进行合理深耕，可疏松土壤，利于根系向下伸展，增强其抗旱能力。二是在茶园和苗圃中适当施肥，能提高茶树吸水能力与抗旱能力，特别是幼龄茶园，干旱季节适当施肥尤其重要。肥料最好选用速效肥料，结合抗旱施用，可每亩施复合肥 15～20 kg，或腐熟稀薄的沼液进行浇施，也可用 0.5%尿素或 0.5%磷酸二氢钾水溶液进行根外追肥，不仅能补给养分，促进根系快长，而且也增加了水分，增强了抗旱力。三是适时防治病虫害。干旱期间茶园易发生病虫危害，主要的茶树病虫害有茶赤叶斑病、茶尺蠖、茶毛虫、蛇眼蚧、小绿叶蝉、螨类等，必须及时防治。除病虫药量浓度宜低，最好选择在阴天或晴天的早晨或傍晚进行。幼龄茶园枝叶幼嫩繁茂，易遭小绿叶蝉、茶毛虫等鳞翅目幼虫危害，可选用天王星、吡虫啉等农药进行防治，既提高幼苗抗旱能力，又能使幼苗健壮生长。

4. 茶园覆盖与遮荫网遮荫，降温明显

茶园覆盖可以稳定土壤热变化，降低土温，减少地表水分蒸发量，保持土壤潮湿，保蓄土壤水分，防止或减轻茶树旱热害。茶园覆盖最好把茶行间所有空隙都铺上草并以铺草后不见土为原则，要求铺草厚度在 8～10 cm，一般亩铺草 1000～1500 kg。在迎风坡茶园可用稻草、麦秆或遮阳网覆盖茶行蓬面，覆盖不要太严，以茶树依稀可见为宜，这样可以减少太阳光的直射，避免叶片水分过量蒸腾。有条件的平地、缓坡地茶园，旱季可用塑料遮荫网遮荫，以离地1.8～2 m 搭架，遮荫网高出茶树蓬面50～60 cm 为宜，方便茶园管理和采摘。

5. 茶园灌溉

水源充足且有条件进行灌溉的茶园，利用灌溉补水兼降温，抗旱防旱直接且有

效。可在清晨、傍晚进行喷灌、滴灌、流灌、浇灌。大部分山区茶园可建蓄水池，于雨季时蓄足水，旱时提供灌溉、喷药、喷肥用水。

6. 施用叶片保护剂

干旱时期叶面喷施 $500\times10^{-6}\sim1000\times10^{-6}$ 阿司匹林，能显著减少茶树体内水分蒸发，有效提高茶树的生理抗旱能力。

7. 合理采摘

干旱期间天气炎热，茶树新梢生长缓慢，应合理采摘，以养为主。实行适时采摘和分批采摘的原则，留叶采，切忌“一扫光”的采摘方法，保留一定的绿叶层。

6.2.3　茶树旱害补救措施

旱情解除后，应及时中耕施肥，补充养分，剪去受害干枯的枝叶，注意病虫害防治。同时采取各种措施抑制茶树开花结果，减少生殖生长的营养消耗。

1. 对幼龄茶园的补救措施

旱害后应视情况及时进行灌溉和补植，确保新建茶园全苗整齐。缺乏灌溉条件的新植茶园，也应及时在新植茶苗四周再培土覆盖，并剪掉多余的枝叶，减少水分蒸腾散失。修剪时刀具应锋利，避免引起根系松动。旱害后应及时追施粪肥，在幼年茶树旁边开 6～7 cm 深的沟浇施稀薄沼液(粪液约含 10%)，可壮苗。

2. 对成年茶园的补救措施

对遭致干旱危害的成龄投产茶园，待雨透后，根据枝条干枯程度分别采取深修剪或重修剪或台刈的树冠改造技术，除去枯枝败叶，并及时中耕施足肥料，注意防治病虫害，尽快恢复茶树生长势。一是树冠修剪，原则上受旱干枯部分枝叶应及时剪掉，凡是成叶尚好，表层嫩叶嫩枝焦枯可采取 3～5 cm 深的轻修剪。凡是连采摘面的成叶都枯干，可进行 10～15 cm 深修剪，如主干以上的枝叶都已焦枯，就只能进行重修剪或台刈，减少水分蒸发和坏死组织向下漫延。旱后应对干死茶株及时进行补植。二是追施肥料，受干旱影响修剪后的茶树要及时追施肥料，促使恢复生长，肥料要以速效性肥料为主，并掌握数量由少到多，浓度由小到大的原则。一般选择雨后增施速效氮肥和钾肥，每亩施 1525 kg 尿素加适量钾肥。此外，用 0.5%尿素或 0.5%磷酸二氢钾水溶液进行根外追肥，以尽快恢复树势。

6.3　阴雨寡照及其防御技术

6.3.1　阴雨寡照天气对茶叶的影响

连续阴雨天气，会使温度大幅下降，日照明显不足，作物光合作用不能充分进行，使得刚刚蓄势待发的叶芽又停止了生长。叶芽萌动、萌发停滞，推迟春茶的发芽进度，致使茶叶开采期推迟。南涧春季和秋季多连阴雨天气，连阴雨天气伴随着低温，影响茶芽的生长，同时阴雨天日照不足，影响光合作物产物的累积，茶叶品质大打折扣。

6.3.2 阴雨寡照天气防御技术

加强气象灾害预报预警，县级气象部门加强与农业部门，特别是县茶叶科学研究所(简称:茶科所)的联动会商，联合制作发布茶叶专题气象服务预报和防御措施，通过手机短信、电子显示屏、微信、电视等途径及时发布预警。茶农要及时收看相关茶叶专项气象预警信息，科学安排生产，提前做好灾害性天气防治工作。

(1)在易受冻害的迎风坡茶园用稻草、杂草或遮阳网覆盖茶行蓬面，茶园面积较大时，可用熏烟法预防早春茶树冻害。

(2)根据受冻情况采取相应的护理和复壮措施，使茶树尽快恢复树势。在气温回暖后，立即对受冻枝叶进行修剪，恢复茶树生机。

(3)对受冻茶园要加强肥培管理，可追施速效氮肥，适当配施磷钾肥，还可喷施叶面肥，以促进萌芽和增强树势。

(4)做好清沟排水工作，做到雨停茶园干，茶园不积水。

6.4 冰雹及其防御技术

6.4.1 冰雹对茶叶的影响

冰雹是一种局地性强，来势猛，持续时间短，以机械性损伤为主的气象灾害，对茶叶的危害程度会因冰雹的大小、持续时间的长短和茶叶所处的生理时期而有较大差异，而且冰雹灾害常伴随大风出现。由于茶叶叶组织脆弱，降雹常将茶树嫩梢打断，叶子打破，致使产质量下降，甚至绝收，造成严重损失。

(1)冰雹能直接击落芽叶，打断树梢，直接损伤蓬面。

(2)温度在10～25℃，茶叶新梢伸长发育最快，降雹后因雹粒解冻吸收大气和土壤中的热量，当伴随有持续的连阴雨时，茶区会出现异常低温，茶叶新梢滞育不伸，节间变短，大量形成驻芽和对夹叶(成品茶缺乏“峰毫”)，从而影响茶叶的产量和品质。

(3)茶树越冬老叶是头茶芽叶新生的物质基础，但是冰雹降落时大量击伤击落老叶，破坏叶层，从而减少老叶对新芽叶的能量和碳水化合物的供应，这也是造成茶树树势衰弱、产量品质下降的原因之一。

(4)降雹造成芽叶伤口增多和空气湿冷，利于低温高湿型的茶饼病、茶赤星病等的侵染寄生。降雹后当年造成这两种病害发生严重，造成茶叶碎末增多，外形不整，茶汤腥臭苦涩，品质大大下降。

6.4.2 茶叶冰雹灾害的防御措施

根据群众多年的防雹经验和现代科学技术的发展，在茶叶生产中可采取以下防御措施，最大限度减轻冰雹灾害的危害。

(1)合理布局，择优种植，避开冰雹路径地带和多发地带。茶叶尽量选择布局在地势相对开阔、冰雹少发的区域种植。

(2)增加绿色覆盖,保护生态环境,减缓地面增温幅度,减弱午后热对流强度,从而减少局地冰雹灾害的发生。

(3)积极采取人工防雹减灾措施。冰雹发生频率较高的茶叶主产区,应高度重视和加强人工防雹减灾工作。通过高炮或火箭的爆炸会使冰雹发生震裂,形成软雹,大大减轻危害程度;通过爆破将催化剂带入冰雹云中,会扰乱或破坏云中上升气流,破坏冰雹云发展或使其崩溃,从而抑制冰雹的形成,变雹为雨降落。

6.4.3　冰雹灾害后的补救措施

(1)降雹后的当天或翌日,尽量检查受灾情况。

(2)重灾抢采,轻灾养蓬,刺激第二轮茶树早发,使茶树较快恢复正常的生长发育。

(3)翻土追施有机肥、农家肥,恢复树势。

(4)抓紧时间喷药,防治病虫害,保护树体。

第7章　茶叶生产管理技术

7.1　茶园周年管理技术

茶园的周年管理活动主要有耕作、施肥、修剪、采摘、病虫害防治等。

7.1.1　茶园耕作

土壤是茶树生存的基础。土壤的物理状况、养分、水分、空气、温度和酸碱度都会影响到茶树的生长。茶园耕作的主要目的是耕除杂草，保持水分，改善土壤结构，杀虫灭菌。

茶园耕作根据耕作的深度不同分为浅耕和深耕。浅耕：一般来说，茶园耕作深度不到15 cm的都叫做浅耕。深耕：是在非生产季节，秋季茶叶采摘结束后进行的叫深耕，深度在15～25 cm。

每年耕作至少3次，但也结合当地土壤状况和杂草生长情况而定。第1次，春茶结束后，在茶树行间浅耕10 cm左右，以去除杂草根系为宜，过深反而会使下层土壤水分蒸发。第2次，在7—8月进行，在茶蓬覆盖范围内浅耕10～15 cm，并在茶蓬外行间15～20 cm翻土埋草。第3次，在秋末冬初茶园封园时进行深耕并施基肥。

7.1.2　茶园施肥

茶园施肥是为了补充茶树因采摘而带走的养分，保持茶树的正常生长发育以及茶叶产量的稳定和增长。

1. 茶园绿色高效施肥原则

一深二早三多四平衡五配套。

“一深”：肥料要适当深施。底肥：30 cm以上；基肥：20 cm左右；追肥：10 cm左右；底肥和基肥必须沟施。

“二早”：(1)基肥要早：10月底至11月。(2)催芽肥也要早：2月施下(采摘前1个月施)。

“三多”：(1)肥料品种多：有机肥、氮、磷、钾、镁、硫、铜、锌等中微量元素，不断提高土壤肥力水平，以满足茶树对各种养分的需要和不断提高土壤肥力水平。(2)肥料用量要适当：施N量20～30 kg/亩；$N:P_2O_5:K_2O=(2\sim5):1:1$。(3)施肥次数要多：“一基三追适量喷”，生长季节每月施一次更好。

“四平衡”：(1)有机肥和无机肥要平衡：有机肥：养分全面，改善土壤理化和生物性状，提高茶叶品质(特别香气)，但养分含量低。无机肥：养分含量高、速效，但养分单一。(2)氮与磷钾、大量元素与中微量元素平衡：茶树是叶用作物，需氮量较高，但同样需要磷、钾、钙、镁、硫、铜和锌等其他养分，只有平衡施肥，才能发挥各养分的效果。氮磷钾的比例2∶1∶1至5∶1∶1。(3)基肥和追肥平衡：基肥秋冬季吸收，提高春茶产量和品质，占全年养分使用量的30%～40%。追肥满足生长季节对养分旺盛生长的需要，占全年的60%～70%。“基肥不施春肥补”的做法不利于春茶，对名优茶生产也是个重大损失。只有基肥与追肥平衡才能满足茶树年生长周期对养分的需要。一般要求基肥占总施肥量的30%～40%，追肥占60%～70%。(4)根部施肥与叶面施肥平衡：茶树叶片多，表面积大，能吸收养分，根外追肥有许多优点：快、不受土壤影响、利用率高、效果好、改善茶园小气候。

“五配套”：(1)施肥与土壤测试和植物分析相配套。(2)施肥与茶树品种相配套。(3)施肥与天气和肥料品种相配套。(4)施肥与土壤耕作和茶树采剪相配套。(5)施肥与病虫防治相配套。

2. 施肥方法

(1)底肥

底肥概念：茶苗定植前施用的肥料叫底肥。作用：主要是增加土壤有机质，加速土壤熟化，诱导茶树根系向深处发展。肥料：有机肥、磷矿粉或钙镁磷肥，一般要求农家肥1～2 t/亩，磷矿粉或钙镁磷肥200～400 kg/亩。施用方法：开施肥沟，深度在30 cm以上，茶苗移栽前一个月施入。

(2)基肥

肥料：有机肥为主，适当配合化肥。数量：菜饼或商品有机肥150～250 kg/亩；配施高浓度复合肥(氮磷钾总养分45%)20～30 kg/亩。方法：时间于10月底至11月，树冠外缘下方开沟深施，施肥深度30 cm左右。

(3)追肥

肥料：以速效氮肥为主，如尿素、硫酸铵等。时间：一般茶园追肥每年3次，每次20 kg。方法：沟施，沟深5～10 cm，每亩每次施纯氮10 kg，施后及时覆土。

——春追肥：催芽肥春茶开采前1个月施入，2月底前，高产茶园4月初加施一次。

——夏追肥：春茶结束后立即进行，5月上中旬。

——秋追肥：夏茶结束后进行，7月中下旬，但伏旱出现时停止使用。

(4)叶面肥

肥料：无机营养型叶面肥(氮、磷、钾及微量元素等营养元素类) 植物生长调节剂类(促进早长) 生物型叶面肥(氨基酸类、腐殖酸类) 复合型叶面肥，如喷施宝。时间：叶面肥最好在鱼叶和第一片真叶初展时喷施最好，喷施时间以傍晚和阴天为宜。

方法:喷施时要正面、背面同时喷施,特别注意叶片背面的喷施。根外追肥不能代替根部追肥,在叶面喷施的同时还要加强根部追肥,才能起到较好的作用。

7.1.3 茶树修剪

1. 幼龄茶树的修剪

幼龄茶树的修剪即定型修剪,目的是除去顶端生长优势,导致地上部营养再分配,促使腋芽侧枝萌发抽生,调整分枝的部位和角度,使茶蓬扩大,育成宽阔的采摘面。把茶蓬控制在适宜的高度。

幼龄茶树需要进行四次定型修剪。第一次,在苗高 35~50 cm 时,于离地 20~25 cm 处,剪去主梢,侧位枝不剪。第二次,在一级侧位枝形成次生梢时,从分枝部位算起,留 15~20 cm 剪去次生主梢,其余枝条不剪。第三次,当二级生主梢形成(梢长 30~40 cm)后,留梢长 10~15 cm 剪去二级次生主梢。第四次,整个树冠达 100 cm 左右高时,距地 65~70 cm 剪平。以后在打顶情况下每次修剪提高 8~10 cm,最后定型在 90~100 cm 高度。

定型修剪时间主要取决于茶树枝梢生长的长度。原则上第一、二、三次宜在生长旺期进行,第四次宜在枝梢生长缓慢的时候进行,可以缩短上层节间长度,于加密生产小枝有利。

2. 成龄茶园修剪

成年茶园的修剪主要有轻修剪、深修剪、重修剪、台刈四种。

轻修剪的目的是刺激茶芽萌发,解除顶芽对侧芽的抑制,使树冠保持平整,调节生产枝数量和粗壮度,便于采摘、管理。轻修剪即剪去 5~10 cm 茶树新稍顶端,刺激新稍基部腋芽的萌发能力,并促进营养生长,抑制开花结果,保持整齐的采摘面。轻修剪一般在秋茶结束后的 11 月进行,为提高夏、秋茶的产量和茶叶质量,也可以在春茶结束和夏茶结束后进行。

深修剪、重修剪、台刈的目的主要是更新复壮树冠,通常用于低产茶园改造。

修剪方法:(1)深修剪:适宜于树冠“鸡爪枝”丛生,生产枝细弱,育芽力低,对夹叶和单片叶占到 30%~40%,而骨干枝仍然比较健壮的茶树。根据树势衰老状况,一般可剪去树冠顶部 15~20 cm 的细弱枝和“鸡爪枝”。(2)重修剪:适宜过度采摘造成未老先衰或树冠虽然衰老、但骨干枝及有效分枝仍有较强生育力的茶树。这类茶树,由于多数枝条健壮,在离地 35~40 cm 处剪去上部枝条。树冠比较矮小的茶树,也可以剪去树体的 1/2。(3)台刈:适宜于枝干灰白,寄生较多地衣、苔藓的茶树,由于根系衰老,育芽力弱,即使增施肥料,也难以优质高产。可一次性在离地面 8~12 cm 处刈割掉茶树全部枝干。

修剪时间:南涧县的春茶盛期是 4 月上中旬,4 月底 5 月初春茶采摘结束后是茶树修剪的最适期,要求 5 月底前完成修剪。在这一时间段进行修剪,茶树萌长新生芽快,到 8 月,新梢一般可长到 30 cm 以上,且有 15~20 cm 的新梢达到木质化或半木

质化，可以在当年进行定型修剪。6—7月修剪，生长时间缩短，新梢的长度和成熟度达不到定型修剪的要求，必然要待次年进行，从而影响到树冠改造的速度。

7.1.4　修剪后施肥、防病虫害

1. 深耕施肥

时间要求：在改树前进行最为理想，与改树同时进行也好，但最迟在改树完成后10 d之内完成。

肥料种类：以有机肥为主，化肥为辅。有机肥一般每亩施绿肥1500～2000 kg，或油枯100～150 kg。化肥以速效氮肥尿素为主，适量施用含有磷、钾的三元素复合肥。一般每亩施尿素30～40 kg和三元素复合肥40～60 kg。投产采摘后即可按正常生产茶园施肥。

施肥方法：条栽茶园可在树冠边缘垂直下方挖15～20 cm深的施肥沟，单株茶树可围着根部挖半圆形沟。沟深以能见到少量须根为宜。沟宽因肥料而定，油枯或商品有机肥一般20 cm左右，绿肥40 cm左右。不论何种肥料，要均匀撒施。以油枯作为有机肥的可与尿素和三元素复合肥混匀后同时施入，以绿肥为有机肥的先施入绿肥，后再将尿素和三元素复合肥混匀后施入，施毕后及时覆土平整地面。

2. 树冠培育

深修剪茶树的树冠培育：在4月底5月初深修剪的茶树，一般在8月中下旬新梢长至20～30 cm，且有15～20 cm的新梢达到木质化或半木质化程度，此时可进行1次定型修剪，剪去半木质化部位以上全部嫩绿枝梢。由于乔木大叶品种茶树顶端优势特强，定型修剪后当年长出的新梢必须采用打顶方式来控制，可采用采顶留边，采密留稀的方式，以增加分枝数量。到10月下旬对定型修剪后长出的新梢采用留三四张大叶的采摘法养蓬，次年春茶即可正常采摘。

重修剪茶树的树冠培育：重修剪茶树一年内要进行2次定型修剪。第1次修剪方法同深修剪茶树。第2次是在10月下旬，在第1次定型修剪的基础上提高15～20 cm修剪，要将树冠蓬面剪成水平状，不要成为弧形，以抑制顶端优势，促进侧枝生长，这样到12月新梢就可木质化。一般重修剪茶树当年树高可达80～100 cm、树幅100 cm左右，第二年春茶即投产采摘。

台刈茶树的树冠培育：台刈茶树要按照新茶园树冠养成的要求进行4次修剪。5月初台刈的茶树根茎部分会长出许多幼嫩芽，为防止营养分散，不利于骨干枝养成，应进行抹芽，也即每株树只保留3～4个粗壮饱满的芽，将多余芽摘去。8月当芽长至30 cm左右长、新梢达到木质化或半木质化时进行第1次定型修剪：剪去半木质化部位以上全部嫩梢。当第1次定型修剪后长出的新梢达20 cm以上时，12月进行第2次定剪。次年春梢不采留养，到6月进行第3次定剪，留养夏茶，8月进行第4次修剪，此后，按深修剪方式，摘顶养蓬，第3年春茶可投产采摘。无论哪次定型修剪，以新梢长到20～30 cm，且木质化、半木质化部分达到20 cm以上时为最适修剪时间。

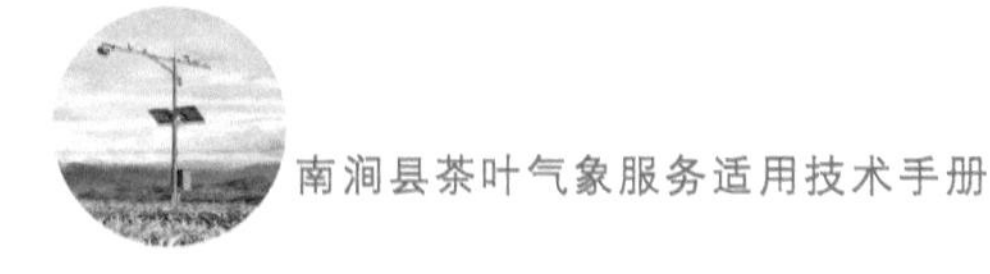

3. 病虫害防治

茶树改造后，新生枝叶幼嫩茂盛，抵抗力弱，容易招引各种病虫害，因此要特别加强病虫害的防治。南涧茶区重点抓好一虫一病的防治即茶小绿叶蝉和茶饼病。

7.1.5 茶叶采摘

茶叶采摘好坏，不仅关系到茶叶质量、产量和经济效益，而且还关系到茶树的生长发育和经济寿命的长短，所以，在茶叶生产过程中，茶叶采摘具有特别重要的意义。

1. 采摘方法

茶叶采摘，其方法主要有两种：手工采茶、机械采茶。

(1)手工采茶：这是传统的鲜叶采摘方法。采茶时，要实行提手采，分朵采，切忌一把捋(抓)。这种采摘方法，它的最大优点是标准划一，容易掌握。缺点是费工，成本高，难以做到及时采摘。但目前细嫩名优茶的采摘，由于采摘标准要求高，还不能实行机械采茶，仍用手工采茶(图 7.1)。

图 7.1　手工采茶

(2)机械采茶：目前多采用双人抬往返切割式采茶机采茶。如果操作熟练，肥水管理跟上，机械采茶对茶树生长发育和茶叶产量、质量并无影响，而且还能减少采茶劳动力，降低生产成本，提高经济效益。因此，近年来，机械采茶愈来愈受到茶农的青睐，机采茶园的面积一年比一年扩大。

2. 采摘标准

采摘标准主要是根据茶类对新梢嫩度与品质的要求和产量因素进行确定的，最终是力求取得最高的经济效益。

中国茶类丰富多彩，品质特征各具一格。因此，对茶叶采摘标准的要求，差异很大，归纳起来，大致可分为四种情况：细嫩采、适中采、成熟采、特种采。

3. 采摘技术

茶叶采摘技术内容很多，主要内容有以下三个方面：留叶数量、留叶方法、采摘

技能。

(1)留叶数量:茶树叶片的主要生理作用是进行光合作用和水分蒸腾。茶叶采摘是目的,但留叶是为了更多的采摘,决不可偏废。若采得过多,留得太少,减少了茶树的叶面积,使光合效率降低,影响了有机物质的积累,继而影响茶叶产量和品质。反之,采得过少,留得过多,不仅消耗水分和养料,而且叶面积过大,树冠郁闭,分枝少,发芽密度稀,同样产量不高,经济效益低下,达不到种茶目的。

(2)留叶方法:茶树年龄不同,采摘时留叶的方法也不同。①成年茶树:树冠已基本定型,在这一时期内,应尽可能地多采质量好的芽叶,延长高产、稳产时期。因此,应以留鱼叶采为主,在适当季节(如夏、秋茶时)辅以留一叶或二叶采摘法,也有采用在茶季结束前留一批叶片在茶树上的。②衰老茶树:生机开始衰退,育芽能力减弱,骨干枝出现衰亡,并出现自然更新现象。对这类茶树,应灵活掌握。在衰老前期,可采用春、夏茶留鱼叶采,秋茶酌情集中留养。衰老中期以后,则需对衰老茶树进行程度不同的改造,诸如深修剪、重修剪、台刈等。对这种茶树,在改造期间,应参照幼年茶树采摘,养好茶蓬,待树冠形成后,再过渡到成年茶树的采摘与留叶方式进行。(3)采摘技能:在人工手采的情况下,一般春茶蓬面有10%~15%新梢达到采摘标准时,就可开采。夏、秋茶由于新梢萌发不很整齐,茶季较长,一般有10%左右新梢达到采摘标准就可开采。茶树经开采后,春茶应每隔3~5 d采摘一次,夏、秋茶5~8 d采摘一次。在进行手工采摘鲜叶时,要求盛装鲜叶的容器是可透气的、干净卫生的竹篮或竹筐。

4. 鲜叶贮运

不论是手工采摘,还是机械采摘,对采下的鲜叶,必须及时集中,装入通透性好的竹筐或编织袋,并防止挤压,尽快送入茶厂付制。

鲜叶贮运时,应做到机采叶和手采叶分开,不同茶树品种的原料分开,晴天叶和雨天叶分开,正常叶和劣变叶分开,成年茶树叶和衰老茶树叶分开,上午采的叶和下午采的叶分开。这样做,有利于茶叶制作,有利于提高茶叶品质。

7.2　茶树主要病虫害及防治技术

7.2.1　假眼小绿叶蝉

(1)识别:该虫属不完全变态昆虫,一生只经过卵、若虫和成虫三个阶段。成虫体长3~4 mm,全身黄绿至绿色。卵长约0.8 mm,香蕉形,若虫除翅尚未形成外,体形与体色与成虫相似。

(2)为害症状:该虫以成虫和若虫刺吸茶树嫩梢汁液为害。被害芽梢生长受阻,新芽不发,为害严重时幼嫩芽叶呈枯焦状,无茶可采,全年以夏茶受害最重,成虫多栖息于茶丛叶层中,无趋光性,卵产于嫩梢组织中,若虫怕阳光直射,常栖息在嫩叶

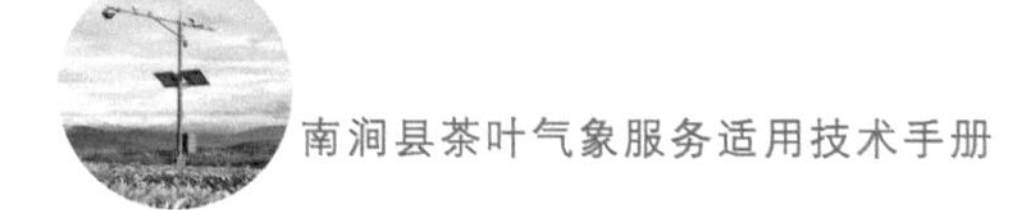

背面。

(3)发生规律：一年发生9～12代，以成虫越冬，翌年早春，成虫开始取食孕卵，茶树发芽后开始产卵繁殖。成虫有陆续孕卵和分批产卵习性，尤其是越冬代成虫的产卵期可长达1个月之久，因此各虫态混杂和世代重叠现象十分严重。全年一般有两个发生高峰，6月和10月。成、若虫在雨天和晨露时不活动，时晴时雨、留养及杂草丛生的茶园有利于该虫发生。

(4)防治要点：①分批及时采茶或轻修剪能采除大量的卵，抑制其发生；②喷施白僵菌或植物源药剂进行防治，如百虫僵400倍液，爱禾500倍液，茶蝉净90 ml/亩650倍液，绿浪600倍液；③用黄板诱杀和吸虫机防治；④叶蝉发生较大年份，冬季用石硫合剂封园。

7.2.2 茶毛虫

(1)识别：成虫体长6～13 mm，雌蛾翅淡黄褐色，雄蛾翅黑褐色，如图7.2。卵近圆形、集产。幼虫黄褐色，各节的背面与侧面有8个绒球状毛瘤，上着生黄色毒毛、雌蛾产卵于老叶背面，幼虫有群集性，3龄前群集性很强，常数十头至数百头挤集在叶背取食下表皮和叶肉，留下表皮呈半透明黄绿色薄膜状。3龄后开始分群迁散为害，咬食叶片呈缺刻。幼虫老熟后爬至茶丛根际枯枝落下或浅土中结茧化蛹。成虫有趋光性。

(2)发生规律：一般一年发生2代。以卵块在老叶背面越冬，翌年4月幼虫开始孵化，为害期分别在4—6月、7—9月。

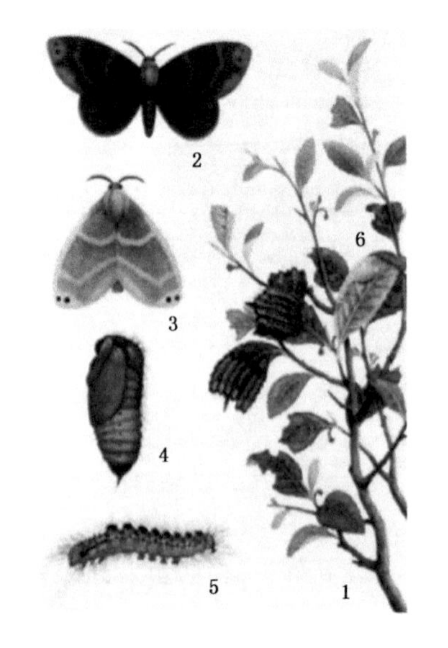

图7.2 茶毛虫生长期

(3)防治要点：①利用茶毛虫的群集性，结合田间操作摘除孵块和虫群；②在茶毛虫核型多角体病毒流行年份，收集虫尸，喷施病毒；③灯光、黄板诱杀成虫；④在低龄幼虫期喷施Bt制剂500倍液和百虫僵500倍液进行防治。

7.2.3 茶刺蛾

(1)识别：成虫体长12～16 mm，茶褐色、趋光性强。卵散产于茶丛中、下部老叶背面的锯齿附近。以幼虫取食叶片为害，幼虫共6龄，低龄幼虫取食下表皮和叶肉，留下表皮渐转为枯焦状半透明斑块，3龄后自叶尖向内取食叶片成平直缺刻，一般食去半叶左右即移至另一叶为害，虫口密度大时常将全叶食尽，每头幼虫可为害10张叶片(图7.3)。

(2)发生规律：一年发生3代，以老熟幼虫在土中结茧越冬。翌年4月上旬开始

化蛹，4月下旬至5月上旬成虫羽化。各代幼虫盛发期分别在5月下旬至6月上旬，7月中下旬及9月中下旬。一般每年的第2代发生较多。

(3)防治要点：①冬季进行茶园深耕，可阻止翌年成虫羽化出土；②灯光诱杀成虫；③低龄幼虫时喷施Bt制剂500倍液和百虫僵500倍液。

图7.3　茶刺蛾

7.2.4　咖啡小爪螨

(1)识别：又名茶红蜘蛛，如图7.4，分布各茶区，主要危害成叶，吸取养份致叶成暗红色，无光泽，受害茶树发芽稀少，细弱，除茶树外，还为害咖啡、柑桔等多种植物。

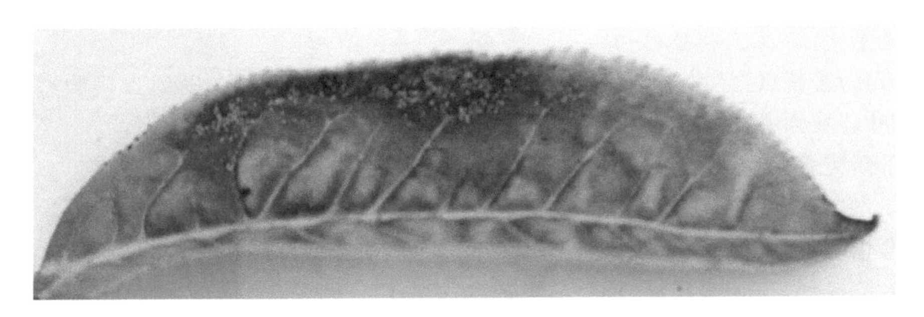

图7.4　咖啡小爪螨

(2)防治方法：①及时分批多次采茶，能一定程度抑制该虫的发展；②发生较多年份，秋季用石硫合剂封园。③根据我省发生特点，春季用99%绿颖50～200倍，施药2次，间隔时间为7 d。非采摘期用0.5度石硫合剂进行防治。

7.2.5　茶尺蠖

(1)识别：成虫体长9～12 mm，如图7.5，体翅灰白色，卵短椭圆形，堆积呈卵块，幼虫有5个龄期，蛹长椭圆形。以幼虫取食嫩叶为害茶树，1～2龄期形成发生中心，3龄后分散取食，4龄后开始暴食，虫口密度大时可将嫩叶、老叶甚至嫩茎全部食尽。

(2)发生规律：一般一年发生5～6代，以蛹在茶丛根际土中越冬，翌年3月成虫羽化，成虫有趋光性，卵堆产，幼虫1～2龄多在叶面，3龄后怕光，常躲于茶丛荫蔽处，幼虫具吐丝下垂习性，老熟时入土化蛹。

(3)防治要点：①结合秋冬深耕，消灭虫蛹；②灯光诱杀成虫；③利用雌成虫性信息素诱杀雄虫，干扰交配；④喷施茶尺蠖病毒制剂；⑤在低龄幼虫时喷施Bt制剂500倍液和百虫僵400倍液。

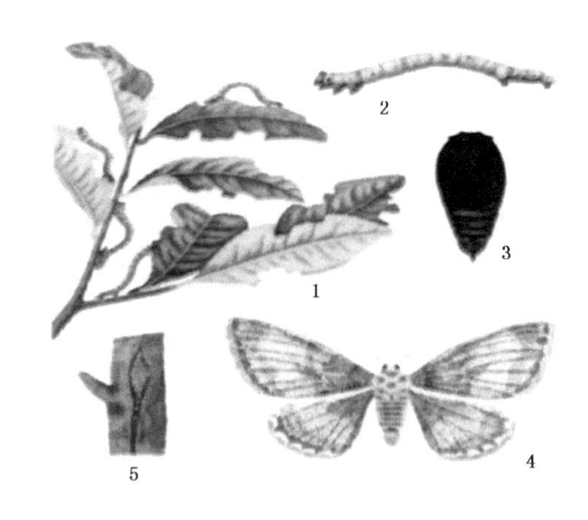

图 7.5 茶尺蠖生长期

7.2.6 黑刺粉虱

(1)为害特点:又名桔刺粉虱,如图 7.6,属同翅目粉虱科。以幼虫刺吸茶树成叶、老叶汁液为害,并排泄"蜜露"诱致煤病。被害叶片正面覆盖一层污煤状霉层,叶背有黑色椭圆形虫体,虫体周围有一圈白色蜡圈。发生严重时茶芽停止萌发,树势衰弱,致使茶叶减产,质量下降。除茶树外,还为害柑橘、油茶、山茶、梨、柿、白杨、榆、樟、葡萄、枇杷等。

图 7.6 黑刺粉虱

(2)形态特征:①成虫:体长 0.96～1.35 mm,橙黄色,有薄的白粉,复眼红色,前翅紫褐色,有 7 个白斑,前缘、外缘各 2 个,后缘有 3 个,后翅淡紫色,腹部橙红色。②幼虫:共 3 龄,初孵幼虫体长约 0.2 mm,淡黄色,后转黑色,周围分泌一圈白色蜡圈,随虫体增大蜡圈也增粗,体背 1 龄时有 6 对刺毛,2 龄时 10 对,3 龄时增至 14 对。③卵:香蕉形,以柄附着于叶背,长 0.21～0.26 mm,宽 0.10～0.13 mm,初为乳白色,后转淡黄至深黄色,将孵化时为紫褐色。④蛹:椭圆形,黑色,壳边锯齿状,背面显著隆起,四周有白色蜡圈,体背盘区胸部有刺 9 对,腹部有刺 10 对,两侧边缘有刺,雌蛹 1 对,雄蛹 10 对。

(3)防治技术:①合理修剪:黑刺粉虱的发生与茶丛通风条件有密切的关系,因此,茶丛要进行合理的修剪,使茶树通风透光,可减轻其发生为害。②保护、利用天敌:粉虱的天敌种类颇多,主要有寄生蜂和瓢虫。在茶园施药时,应注意加以保护,还有寄生菌类:红色寄生菌、黄色寄生菌、棕色寄生菌、白色寄生菌等,如在 5 月中旬阴雨连绵时期可每 667 m^2 用韦伯虫座孢菌菌粉(每毫升含孢子量 1 亿)0.5～10 kg 喷施或用韦伯虫座孢菌枝分别挂放茶丛四周,每平方米 5～10 枝。③物理防治:一是黄板诱杀:由于黑刺粉虱具有趋黄性。可以用黄色粘虫板(纸)诱杀黑刺粉虱,在黑刺粉虱开始发生时,将黄色粘虫板(纸)悬挂于茶蓬上方约 10 cm 处,一般每亩悬挂 20～30 张,每片黄板平均每天可诱杀黑刺粉虱 333.8 头。二是吸虫机防治。④药剂防治:掌握幼虫盛发期及时喷药防治,尤其是第 1 代幼虫。可选用 2.5%天王星乳油 1500～2000 倍液,溴氰菊酯 2.5%乳油 2000～3000 倍,噻虫嗪·高效氯氟氰菊酯(其他名称:阿立卡)每亩 8～10 ml。封园时期用石硫合剂 45%晶体 100 倍,黑刺粉虱多在茶树叶背,喷药时要注意充分喷湿叶片背面。

7.2.7　茶饼病

(1)识别:此病主要为害嫩叶和新梢,叶柄、花蕾及果实上也可发生,如图 7.7 所示。病斑多分布在叶缘和叶尖,初为淡黄色半透明小点,后逐渐扩大为表面平滑而有光泽的病斑,直径为 2～10 mm,并向下凹陷,同时叶背病斑处突起呈饼状,并产生灰白色的粉状物,病健部分界明显,最后病斑变为暗褐色或紫红色溃疡状,甚至形成孔洞,叶片渐枯萎凋落。若叶柄或新梢上发病,一般病部呈轻微肿胀或成瘤状,其上也生白色粉状物,后期瘤状物渐渐萎缩变为暗褐色,病部以上的新梢及叶片枯死。

图 7.7　茶饼病

(2)防治方法:茶饼病可通过苗木进行传播,故应严格执行检疫制度,禁止从病区调运带病苗木。农业措施:勤除杂草,及时修剪,保证茶园通透良好,增施磷钾肥,提高抗病性,及时分批多次采摘茶叶,尽量少留嫩梢、嫩叶,以减少侵染机会。秋季结合茶园管理,适当时期进行修剪,以避免抽生新梢时遇发病盛期而感染病害,彻底摘除病叶,减少菌源。

(3)药剂防治:喷 0.6%～0.7%石灰半量式波尔多液,多抗霉素 100×10^{-6},0.2%～0.5%硫酸铜也有较好效果,但是要限量使用。99%绿颖 50～100 倍液,连续施药 2 次,间隔时间为 7 d。

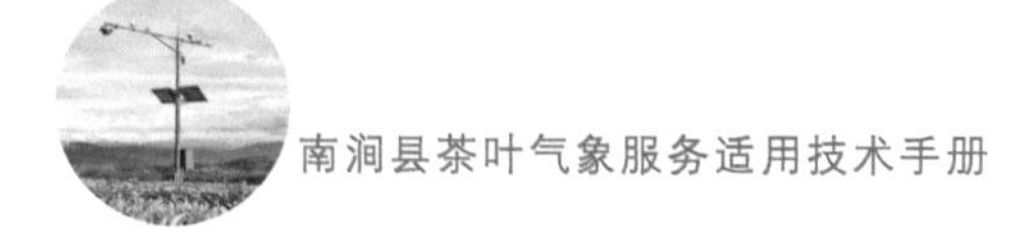

7.2.8 茶白星病

(1)诊断:本病主要为害嫩叶和新梢,如图 7.8,尤以芽叶及新叶为多。叶片受害后,初期先呈淡褐色湿润状小点,后逐渐扩大成圆形灰白色小斑,中部略凹陷,其上生有一黑点,边缘具褐色略隆起的纹线,与健部分界明显。病斑直径 0.8～2.0 mm,多时可相互愈合成不规则形大斑,嫩梢及叶柄发病时,病斑呈暗褐色,后逐渐变为灰白色圆形病斑,严重时病部以上组织全部枯死。

图 7.8 茶白星病

(2)防治方法:加强茶园肥培管理,适当增施有机肥,合理采摘,促进树势健壮,增强抗病力,冬季清除园内病叶。

(3)药剂防治:5—6 月大发生之前(一般在 4 月中旬)喷 0.6%～0.7%石灰半量式波尔多液,多抗霉素 100×10^{-6},0.2%～0.5%硫酸铜也有较好效果,但是要限量使用。99%绿颖 50～100 倍液,连续施药 2 次,间隔时间为 7 d。

7.2.9 茶树主要病虫害防治时机

茶树病虫害防治要坚持"预防为主,综合防治"和"治早,治小,治了"原则,要把握较好时机,才能收到最佳防治效果(表 7.1)。

表 7.1 茶树主要病虫害防治时机

病虫名称	防治指标
茶尺蠖	成龄虫口密度每亩 4500 头或每米长茶行 10 头
油桐尺蠖	夏秋茶允许损失 10%条件下,每亩 1200 头
茶黑毒蛾	每亩 3000～4000 头,每米长茶行 8～10 头
茶小卷叶蛾	1～2 代,采摘前,每米茶丛虫数>16 头;采摘后每米茶丛虫数>8 头
假眼小绿叶蝉	百叶虫口 10～15 头
茶蚜	有蚜芽梢率 4%～5%,芽下二叶有蚜叶上平均虫口 20 头
咖啡小爪螨	每平方米叶面积 2～3 头
茶饼病	芽梢罹病率 35%
茶白星病	叶罹病率 6%
茶云纹叶枯病	叶罹病率 44%,成、老叶罹病率 10%～15%

茶树病害的发生和传播需要适宜的气候环境条件。当气候环境不适宜时,病菌孢子则将暂时潜伏在寄主的某个部分,而无任何表征。当周围气候环境发生变化,而

达到对它适宜的情况时，则病害将迅速地发生并暴发流行。特别是在茶园里，茶树病害宽，寄主种类单一，一旦某种病害发生，则很快蔓延到大面积的茶树植株上，使茶叶生产受到损失。不同的茶树病害，对各种气候环境的反应是不相同的。

在气温较低，空气湿度大，云雾较多，日照偏少的气候环境条件下，非常适于为害茶树芽叶的茶饼病的大发生。另外，在气温稍低，空气相对湿度较大的气候条件下，也有利于茶白星病等病害的发生。

在高温、高湿的气候环境中，茶云纹枯病、茶炭疽病、茶菌核黑腐病害，都能严重地发生并流行，而且也利于茶苗白绢病发病。此外，茶梢黑点病，在气温 20～25℃和空气湿度大于 80%的气候条件下，也有利于发病。

在同一茶园中，可能由于种植疏密不同，土壤水分、养分分布等的差异，各地段茶树小气候不同，茶树病害发生时，可有一个或多个发病中心(由于小气候环境对病害适宜)，同时也可能出现一些未受病害影响的地段。

7.3　南涧县冬季茶园主要虫害发生与气象条件的关系及其防治

越冬茶芽经过了一冬的休眠和养分积累，有机物质十分充足，加之春季温度适中，雨量充沛，使得春季茶芽肥硕，内含物质丰富，它的鲜爽度、饱满度和协调度都极高，如此，便构成春茶品质优越的物质基础。尤其是头春茶，那个中的鲜爽滋味，仿佛蕴含了整个春天最精华的部分。南涧头春茶采摘时间一般为 3 月中旬至 3 月底，因此每年 1—2 月的茶树虫害对头春茶的茶叶品质有着很大的关系。本文研究 1—3 月气候与茶树虫害的关系，进一步研究科学控制茶树虫害的方法，以期帮助提高南涧县每年头春茶的的产量和品质。

按照地形、地貌和自然条件，南涧县的茶区可以分为西南、东南和中北部三大茶区，本节研究区域包括南涧县重点茶区的西南茶区和南涧县第二大茶区的东南茶区。主要虫害资料来源于县茶叶站提供的 2019 年 4 月 1 日和 2 日对南涧县以上两大茶区茶树病虫害调查结果，其中东南茶区选取的代表茶厂有：新安茶场、华庆公司和阿比庄茶园。西南茶区选取的代表茶厂有：罗佰克茶场、南涧县茶树良种场、黑龙潭茶场和北纬 25°茶庄园。

气象数据来源于坐落在在东南茶区的樱花谷七要素自动站，以及位于西南茶区的黑龙潭应用气象观测站(农业)所观测到的 2019 年 1—3 月气象资料。

1. 南涧县主要茶区虫害调查

2019 年 4 月 1 日和 2 日对南涧县主要茶区：东南茶区和西南茶区进行茶树虫害调查，调查结果如表 7.2 所示。此次调查结果显示，南涧县茶园里茶黄蓟马和小绿叶蝉是 2019 年以来害虫的主要优势群种，分布在 90%以上的茶区。

表 7.2　南涧茶区主要茶树虫害

调查地点		茶黄蓟马	小绿叶蝉	茶蚕	红蜘蛛	茶蚜	黑刺粉虱
东南茶区	新安茶场	√	√	√			
	华庆公司						
	阿比庄茶园	√	√		√	√	√
西南茶区	罗佰克茶场	√	√				
	南涧县茶树良种场	√	√		√		
	黑龙潭茶场	√	√		√	√	
	北纬25°茶庄园	√	√		√	√	

注:表中“√”表示该茶厂出现相应的虫害。

2.分析有利于主要虫害发生的气象条件

(1)茶黄蓟马

茶黄蓟马一年发生10～11代,无明显越冬现象,特别在干旱季节为害更重。12月至次年2月仍可在茶树嫩梢上找到成虫和若虫。若虫活泼,产卵于叶背面叶肉内,蛹在茶丛下部或贴近地面枯叶下。2019年1—3月的天气特点:1月上旬、下旬和2月南涧县均为轻度气象干旱,其余时间段正常,这是典型的冬旱天气,对于特别耐旱的害虫茶黄蓟马来说,无疑是生长和发育的有利条件,因此2019年初南涧县各茶区该虫害频发。

(2)小绿叶蝉

如图7.9所示,1—3月东南茶区的日平均气温维持在7～17℃,说明整个冬季东南茶区较温暖,适宜像小绿叶蝉这种喜温暖的害虫生长。图7.10中,樱花谷1—3月降水特点也是很明显的时晴时雨的天气,这也非常有利于小绿叶蝉的繁殖和数量增加。

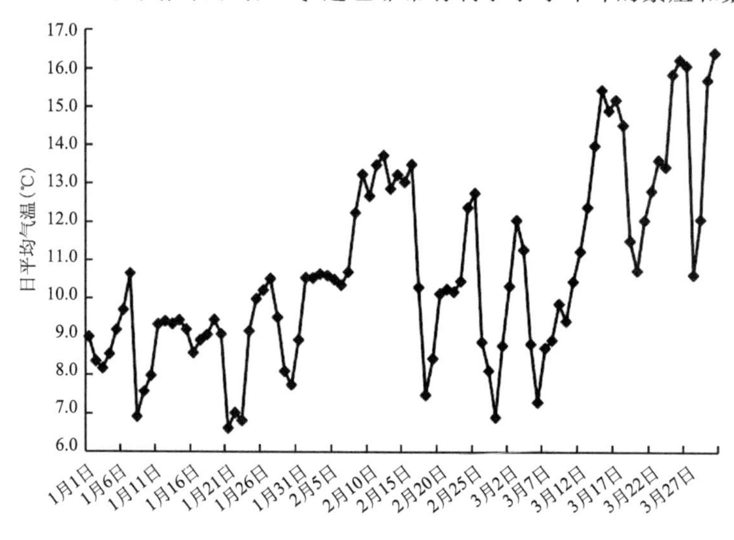

图7.9　樱花谷2019年1—3月日平均气温变化曲线

(3)茶蚕

此次调查中,访问采茶人说:“茶蚕有零星分布,看到就直接人工灭杀了”,调查中虽没有看见茶蚕,但是看到茶蚕为害过的茶丛。茶蚕喜欢适温高湿短日照的环境,图 7.9 中,东南茶区近 3 个月气温适宜(≥7℃),图 7.11 的空气相对湿度较高,基本维持在 60%以上,最高达 96%,另外南涧高山茶树木遮蔽作用,日照不强,在荫蔽地方有利于茶蚕繁殖。

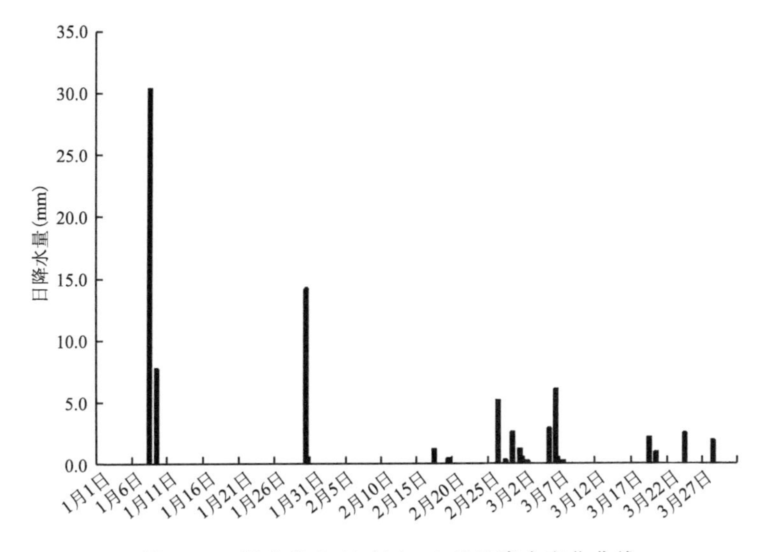

图 7.10　樱花谷 2019 年 1—3 月日降水变化曲线

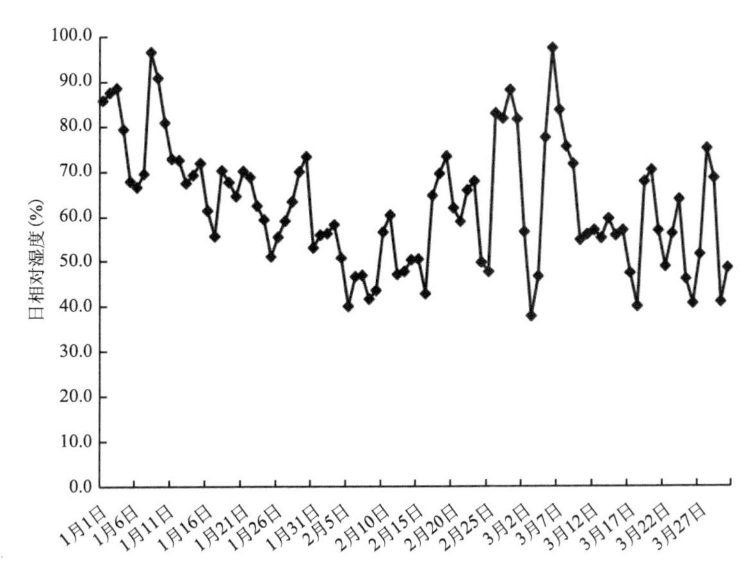

图 7.11　樱花谷 2019 年 1—3 月日相对湿度变化曲线

(4)黑刺粉虱

黑刺粉虱1年发生4代，以老熟幼虫在茶叶背面越冬，次年3月化蛹，4月中旬成虫羽化(汪云刚，2015)。调查中，黑刺粉虱仅出现在东南茶区，对比两主茶区气象条件发现，3月东南茶区相对湿度范围为38%～97%，平均为59%，而西南茶区相对湿度范围为34%～87%，平均为48%。3月东南茶区平均风速范围为1.5～3.4 m/s，平均为2.6 m/s，而西南茶区平均风速范围为2.6～5.6 m/s，平均为4.2 m/s。因黑刺粉虱在通风透光差且比较阴湿的茶园受害比其他茶园重。综上比较，东南茶区相对西南茶区湿度高，风速小，通风性差，有利于黑刺粉虱的化蛹而出。

(5)茶蚜和红蜘蛛

当早春2月下旬平均气温持续在4℃以上，茶蚜的越冬卵就开始孵化。西南茶区的气象站观测到2月下旬西南茶区平均气温为9.3℃；东南茶区的气象站观测到2月下旬平均气温为10.0℃，有利于茶蚜的越冬卵开始孵化，因此2个茶区都存在茶蚜。红蜘蛛一般每年秋末至翌年早春为害期，喜欢气温低和气候干燥的环境，这与茶黄蓟马产生的条件差不多，1—2月有干旱现象存在，气候干燥，有利于红蜘蛛生长繁殖。

3.冬季南涧茶区虫害防治

(1)加强气象预测预报

根据南涧县茶区的1—3月气候特点与虫害的关系，提前做好虫害的预防工作，为提高南涧县的头春茶的产量和品质贡献气象力量，主要的关系有：

当冬季特别是1月出现气象干旱天气，并根据天气预测，预计2月降水偏少且气象干旱持续发展时，必须关注茶区茶黄蓟马和红蜘蛛将为害茶园。

2月中旬，茶区气温在10℃以上，茶芽开始萌动，期间气温也会有波动。到3月平均气温已经稳定在10℃以上，茶树新梢开始生长。3月再遇上时晴时雨的天气，这无疑是为小绿叶蝉提供了繁殖场所和生长所需要的养分(张惠 等，2015)。因此在2月底3月初预测3月将有几次不连续的降雨过程时，就应该提醒茶农采头春茶前要注意小绿叶蝉为害茶叶，及时防治。

南涧高山茶区在立春后，气温回暖，当预测未来1个月水汽条件良好，就应该提醒相对荫蔽的茶区注意防治茶蚕为害茶叶。

在2月底，关注3月的降水与相对湿度，当预测有高湿度，且未来控制南涧的天气系统稳定少变时，高山茶区风速较低，通风性差时，就应提醒茶农关注黑刺粉虱为害茶叶。

当检测到茶区2月下旬平均气温持续在4℃以上，将有茶蚜的越冬卵就开始孵化，提醒茶农开始防治茶蚜为害茶叶。

(2)农业防治

由南涧县县茶叶站和茶农们多年的经验，可以总结出防治茶树虫害的一些“绿

色”措施：

①对于茶黄蓟马、小绿叶蝉、茶蚜为害茶区，需分批采摘茶叶，不仅可去除一部分卵和若虫，同时采摘新梢，减少该害虫的食料，以减轻虫害发生。茶黄蓟马、小绿叶蝉和茶蚜有趋色性，可以用黄色（蓝色）粘虫板诱杀，预防期，每亩用粘虫板 15～20 张；发生高峰期，每亩用粘虫板 30～45 张。粘虫板底部离茶树蓬面 10～15 cm。

②茶蚕需人工捕杀。

③黑刺粉虱的发生与茶丛通风条件密切相关，因此茶丛要进行合理的修剪，疏枝、中耕除草、使茶树通风透光，可减轻其发生为害。

④红蜘蛛为害区域，应加强茶园管理，及时分批次多采茶，清除杂草和落叶，减少其回迁侵害茶树。干旱季节可以用喷灌茶园防治。

参考文献

封志明,杨艳昭,丁晓强,等,2004.气象要素空间插值方法优化[J].地理研究,23(3):357-364.

何雨苓,张茂松,黄成兵,2015.基于GIS的云南省茶树种植气候适宜性区划[J].安徽农业科学,43(25):218-221.

金志凤,黄敬峰,李波,2011.基于GIS及气候—土壤—地形因子的浙江省茶树栽培适宜性评价[J].农业工程学报,21(3):231-236.

赖比星,1994.广西区云南大叶种茶树气候分析及区划[J].中国林学院气象教研室,15-18.

李军,黄敬峰,王秀珍,等,2005.山区月平均气温的短序列订正方法研究[J].浙江大学学报(农业与生命科学版),31(2):165-170.

李新,程国栋,卢玲,2000.空间内插方法比较[J].地球科技进展,15(3):260-265.

李倬,贺龄萱,2015.茶与气象[M].北京:气象出版社.

屠其璞,翁笃鸣,1978.超短序列气象资料订正方法的研究[J].南京气象学报,(1):59-67.

汪云刚,2015.云南茶树病虫害防治[M].昆明:云南科技出版社.

王明,余凌翔,2001.哀牢山区大叶茶种植的气候优势和类型分区[J].中国农业气象,22(1):48-51.

王宇,等,1990.云南省农业气候资源及区划[M].北京:气象出版社.

吴祝平,1981.关于福建省茶叶区划的商榷[J].茶叶科学简报,(2):3-8.

杨金涛,杨鸥,2015.南涧县茶树种植与气候资源分析[J].绿色科技,26(3):68-69.

张惠,黄铭绸,2015.浅析茶树主要病、虫害发生发展的气象条件及其防治方法[J].福建热作科技,40(4):15-19.

周红杰,2010.中国南涧茶业[M].昆明:云南科技出版社.

庄晚芳,1984.茶树生理[M].北京:农业出版社.